刻板印象挖掘中的关键技术

赵 婧 魏 彬 著

西安电子科技大学出版社

内 容 简 介

随着网络时代的到来，自媒体不断发展，网络对人们的影响越来越大，网络的传播速度与影响范围也呈几何级数增长，如何对网络这个虚拟世界进行有效的管控已经成为当前网络研究的热点。刻板印象这一心理学因素直接影响着民众对网络媒体报道的感受与理解，决定了网络事态的最终走向，因此对其进行分析挖掘是文本分析领域关注的焦点问题之一。本书对刻板印象挖掘中的基础性、关键性技术进行了详细介绍，具有较高的先进性、适用性和前沿性。

全书共5章，分别是刻板印象挖掘、基于UMDA的离散化技术、基于改进二进制粒子群优化算法的特征选择技术、基于多种群单变量边缘分布估计算法的特征选择技术、基于粗糙集和改进UMDA的混合特征选择方法。

本书可作为数据挖掘、符号序列分析相关研究方向人员进行理论学习或研究的参考书。

图书在版编目(CIP)数据

刻板印象挖掘中的关键技术 / 赵婧，魏彬著. —西安：西安电子科技大学出版社，2021.12
ISBN 978-7-5606-6277-0

Ⅰ.①刻… Ⅱ.①赵… ②魏… Ⅲ.①数据采掘 Ⅳ.①TP311.131

中国版本图书馆CIP数据核字(2021)第215904号

策划编辑 刘玉芳
责任编辑 张紫薇 刘玉芳
出版发行 西安电子科技大学出版社(西安市太白南路2号)
电 话 (029)88202421 88201467 邮 编 710071
网 址 www.xduph.com 电子邮箱 xdupfxb001@163.com
经 销 新华书店
印刷单位 咸阳华盛印务有限责任公司
版 次 2022年2月第1版 2022年2月第1次印刷
开 本 787毫米×960毫米 1/16 印 张 7
字 数 125千字
印 数 1～1000册
定 价 36.00元
ISBN 978-7-5606-6277-0 / TP

XDUP 6579001-1

如有印装问题可调换

前 言

网络技术的飞速发展，网民数量的快速增加，以及多样、便捷的社交媒体的大量涌现，使突发公共事件信息以前所未有的速度传播。利用网络上的海量数据，从深层次研究网络媒体影响力形成的因素，结合刻板印象挖掘媒体报道对象与民众评论的对应关系，并分析网络媒体影响力与这些因素之间的关联性，对于“网络世界管控”这一世界性难题具有极其重要的现实意义和理论价值。刻板印象是对群体属性认知的高度概括，对其分析就是要找出群体与多个属性词的对应关系，而民众的情绪、态度和意见等都广泛地分布于各类网络平台，因此，刻板印象研究的基础就在于对网络世界的海量文本信息进行处理和分析。

本书致力于刻板印象挖掘中数据预处理阶段的连续属性值离散化问题和特征选择问题的研究，具体研究工作主要包括以下几个方面：(1) 为了提高和扩展一些数据挖掘算法在刻板印象挖掘研究中的适用性，使海量网络数据在便于理解的同时更节省存储空间，本书对数据从连续空间到离散空间的变换问题(即连续属性值离散化处理技术)进行了介绍。(2) 本书介绍了模拟生物或社会现象设计的群智能算法，用以解决刻板印象挖掘过程中各类数据高维特性给传统数据分析方法带来的挑战。(3) 特征选择是对数据进行预处理、降低噪声、减少维数的有效方法。过滤算法和封装算法是目前特征选择领域常用的有效方法，本书在分析过滤算法和封装算法特点的基础之上，结合刻板印象挖掘的实际应用需求，介绍了一种混合特征选择算法。该算法通过属性重要度将过滤和封装两个部分有机地结合起来，利用过滤算法减小数据空间，通过封装算法在较小的空间中寻找最优特征组合。

本书共 5 章，内容由浅入深，使读者能够最大程度掌握本领域研究的前沿知识，并可依照本书内容开展相关研究。

本书由西京学院赵婧及武警工程大学魏彬著，受教育部人文社会科学研究青年基金项目“刻板印象挖掘及其传播机制、防控策略研究”(项目编号：19XJC860006)，陕西省2021年自然科学基础研究计划项目“突发公共卫生事件网络异常评论关键节点定位及干预机制研究”(项目编号：2021JQ-878)及国家自然科学基金“男女性语音产生机制差异的空气动力学建模对比研究”(项目编号：No.11974289/A040506)资助完成。

限于作者水平，书中难免存在疏漏和不妥之处，恳请读者给予批评和指正。

作　者

2021年6月

目　录

第 1 章　刻板印象挖掘

1.1　网络媒体影响力

近年来，随着社交媒体(包括脸书、推特、微博和网络论坛等)的迅猛发展，网络的传播速度与影响范围都呈几何级数增长[1]，例如，2021 年的“陕西西安白鹿原景区天价面条”“西安地铁暴力执法”事件；2020 年的“海底捞涨价”事件；2019 年的“奔驰买家维权”“翟天临知网”事件；2018 年的“滴滴顺风车司机杀害空姐案”“重庆万州公交车坠江事件”；2017 年的“塑料紫菜”“皮皮虾注胶”“罗一笑事件”事件；2016 年的“魏则西事件”“雷洋事件”等。相对于传统舆情，网络舆情借助于社交媒体在人群中传播，如果没有正确的监管机制，其传播速度之快、影响范围之广不仅直接危及我国互联网的健康发展，甚至还给我国正常的社会秩序带来潜在的威胁[2]。

突发公共事件应急管理的关键是时效性[3]，管理者需要快速制订响应策略，第一时间发布针对性的信息，以期在最大程度上消除公众疑虑。在突发公共事件网络媒体报道的所有相关信息中，报道内容是最直接的信息源，包含了事件的大量信息，这就要求管理者能够掌握媒体报道的影响力与报道内容的关联性及其传播机制的规律。因此，突发公共事件网络媒体报道影响力分析的首要问题就是如何直接从网络媒体报道的内容中挖掘决定影响力的特征。

除了报道内容，网络媒体报道还受心理学因素影响[4]，心理学因素能在更深层次影响民众对网络媒体报道的感受与理解，因此，从大量网络媒体报道的数据中挖掘相关的心理学因素就显得愈发重要[5]。刻板印象(stereotype，指人们对于人、群体、事件、机构或问题等形成的一种固定看法)是一种在网络媒体报道中普遍存在并具有重大影响的心理学因素。刻板印象普遍存在，但是目前在突发公共事件信息处理研究中，关于媒体报道影响力与报道对象的刻板印象的关联性分析还没有引起重视。事实上，网络媒体报道影响力与其报道对象具有紧密的关联性，媒体往往利用报道对象(如“城管”“钉子户”“拆二代”“90后”“大妈”“疫苗”“毒奶粉”“强拆”“强捐”等)的刻板印象，以及这些刻板印象对民众情绪的强烈刺激作用，最大程度吸引读者，扩大其影响力，由此引发的民众负面情绪往往会对突发公共事件应急管理带来极大伤害[6]。因此，把这些数据整合起来，合理地对刻板印象构建模型，从中挖掘网络媒体报道的对象与民众评价(刻板印象属性词)之间的对应关系，将为刻板印象分析和网络媒体报道影响力的研究提供一种新途径。

刻板印象是由多个属性词描述的，如中国“独生子女”的刻板印象由“自我”“心理脆弱”“不愿冒险”“啃老”“无担当”等属性词描述，具体激活哪一个刻板印象(属性词)取决于报道内容，从而使刻板印象对报道影响力形成复杂的组合作用效果[7]，例如“警察”“开枪”和“拆迁户”在群体冲突事件报道中易引发民众负面评论，其中“警察”的负面刻板印象被激活，而“警察”“开枪”和“恐怖分子”在暴恐事件中会引发民众正面评论，此时“警察”的正面刻板印象又被激活了；“梅西”在“巴塞罗那”队中的表现属于球王级别的正面刻板印象被激活，而与“阿根廷”队联系在一起时其表现相对较差则负面刻板印象被激活[8]。刻板印象组合关系是从社会心理层面对报道内容的描述，具有多向性、网络化和互抑制作用，呈现非线性关联。另外，“报道内容→报道对象”，“报道对象→身份”以及“身份→刻板印象”都是一对多的关系，使刻板印象呈现分层和高阶的组合关系。因此，突发公共事件网络媒体报道影响力与报道对象刻板印象关联性分析的关键是对这种分层、非线性、网络化、高阶和高维的复杂关系进行建模，挖掘关键的刻板印象组合，研究组合方式与网络媒体报道影响力的关联性，发现两者关联性的新规律，为突发公共事件应急管理和响应提供重要支持。

此外，在互联网时代，刻板印象能够以极快速度大范围传播，其中负面印象通过网络被网民们自由传播，能轻易地控制网络舆情的导向(例如高铁“座霸”事件中对于乘警的评论)，导致言论失衡，引发群体恐慌。因此，对其传播机制以及干预机制进行分析研究具有极其重要的理论及现实意义：

(1) 将为有效控制刻板印象传播提供可靠的理论依据及技术手段。建立新的传播模型，并在此基础上全面深入研究刻板印象的传播机理，可设计出科学有效的干预机制，以减少其产生的负面影响。

(2) 将促进我国互联网技术应用的安全管理。负面印象大肆传播严重扰乱了正常的网络秩序，对我国互联网技术应用的安全管理提出了新的挑战，结合主要社交媒体的工作方式以及研究所得舆情的传播机理，提出有助于网络安全管理的合理化方案，可促进我国互联网的健康发展。

综上所述，利用网络媒体数据并结合刻板印象研究突发公共事件网络媒体报道影响力是突发公共事件信息处理中的一个新科学问题，是国家的重大需求，对突发公共事件应急管理具有重要的理论意义和应用价值，并且有广阔的应用前景。

1.2　刻板印象挖掘过程

刻板印象挖掘属于文本信息处理中的一个分支，主要由如图 1-1 所示的三个阶段组成：第一阶段为包括数据选取、数据预处理和数据变换的数据准备阶段。数据选取是根据用户需要选出目标数据；数据预处理是将数据中包含的噪声和冗余数据消除，处理缺失数据，转换数据类型；数据变换的目的是降低数据维数，找出数据挖掘时真正有用的特征。第二阶段为数据挖掘阶段，通过挖掘算法从大量数据中挖掘出隐藏在数据内部的有价值信息。常用的数据挖掘算法包括信息熵、粗糙集理论、神经网络、决策树、支持向量机、统计分析和进化算法等。第三阶段为结果解释与评估阶段。数据挖掘阶段发现的规则等信息需经过用户或者机器评价亦或进行可视化处理。

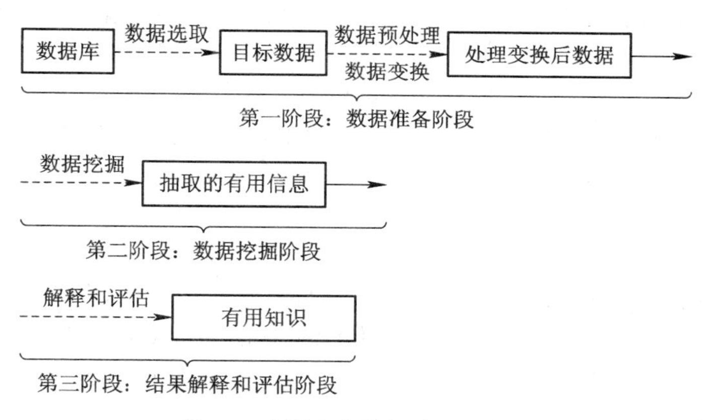

图 1-1　刻板印象挖掘过程示意图

由于网络语言类型复杂、形式异构，因此如何挖掘出隐藏在海量复杂数据中的重要信息和知识，已成为刻板印象挖掘所面临的主要困难之一。同时，刻板印象挖掘的三个阶段之间相互影响。数据准备阶段中对数据的处理结果将直接影响数据挖掘算法的质量。错误的数据、不合适的数据类型转换或选择不当的属性都会对数据挖掘算法的结果造成影响，即没有合适的、高质量的数据就不可能从中挖掘出高质量的信息，对结果的解释与评估更是无从谈起。因此，数据准备阶段是刻板印象挖掘中最基础、最重要的步骤。

在网络世界中，许多文本分类学习的应用都和连续属性有关，因此连续型数据转换成离散型数据是刻板印象挖掘中重要的数据准备过程之一，直接关系到后续数据挖掘算法的效果。实用、高效的离散化算法是数据挖掘的基础，其不仅能够在提高数据挖掘算法效率的同时降低算法复杂度，还能帮助我们获得更丰富的知识，并且可以扩展数据挖掘算法的使用范围。连续属性值离散化实质上是将连续的值域转换成有限的区间，获得间隔的断点，并尽最大可能保留原始数据所携带的信息。然而不同的离散化算法会呈现不同的结果，如何选择合适的断点值以确保信息丢失最小化是连续属性值离散化研究的主要内容。

此外，当前网络世界中的文本类信息纷繁复杂，数量众多，如何从众多数据中选取有价值的信息并避免“维数灾难”的发生也是数据准备阶段中重要的研究内容之一。目前，学术界几乎还没有针对高维数据的特别有效的处理方法，因此蕴含在这些数据中的规律和信息很难被人们发现。在现实中得到的数据存在许多冗余信息，如何从浩如烟海的数据中选择有用的特征，已经成为当今信息科学所面临的严峻问题之一。特征选择就是从原始特征集中选择满足某种评估标准的最优特征子集，即在保持分类能力不变的前提下，删除其中不相关(对分类无贡献或者有负面影响)的数据，这是目前处理高维数据的有效方法之一。自 20 世纪 60 年代起就有学者对特征选择问题进行研究，而随着计算机网络技术的飞速发展，高维数据不断产生，其中包含有大量的冗余信息和噪声信息，严重影响了数据挖掘算法的性能，因此，近年来特征选择问题引起了知识发现领域学者广泛的重视。

1.2.1　连续属性值离散化算法

连续属性值离散化是数据预处理阶段的关键环节之一，合理、高效地确定离散化断点的个数和位置是连续属性值离散化的关键所在。在过去的几十年中，国内外众多学者都对此进行了研究。现有的连续属性值离散化算法主要集中在以下几个方面：

1. 基于信息熵的连续属性值离散化算法

信息熵是对事件不确定性程度的度量，它能够以确切的数值量度描述知识，不确定性越小说明概率越大，从而熵就越小，信息量就越少。一些学者利用信息论中熵的概念对连续属性值进行离散化，从信息论的观点出发对连续属性值进行区间划分，使得各个区间包含的信息量尽量相等。文献[9]提出了使用传递熵的离散化算法，实验结果表明：当离散化程度越高时，传递熵的值就越大，并且离散化的程度不变时信息流动方向也不变。文献[10]提出了基于随机矢量之间互信息的概念，构造了概率测度支持度的最优离散化准则，提出了一个同步离散整个数据空间的随机变量，该变量尽可能地考虑随机变量之间的依赖性。文献[11]使用信息熵优化多目标遗传算法同时离散化连续属性。文献[12]

提出了数据离散化合一算法(Data Discretization Unification，DDU)，该文献证明了基于信息论复杂性离散化算法和基于统计测量数据依赖性离散化算法渐进等价，然后定义了广义熵的概念并引入了广义适应度函数去评估离散化算法的质量，并且得出结论：基于最小长度描述原则、基尼指数(Gini Index)、赤池信息准则(Akaike Information Criterion，AIC)、贝叶斯信息准则(Bayesion Information Criterion，BIC)、Pearson's χ^2 统计量这些表面上看起来不相关的适应度函数都来源于广义适应度函数，广义适应度函数选取不同的参数就可以得到各种各样的离散化算法，此外还设计了动态程序算法保证基于广义适应度函数取得最好的离散化效果。DDU 算法是到目前为止非常先进的离散化算法之一，算法充分权衡了分类错误和离散区间的数量并且统一了现有的离散化准则，但是它有两个缺陷：第一为了搜寻到好的结果，DDU 产生了大量的参数导致算法效率较低；第二 DDU 没有考虑离散化产生的不一致记录导致的不必要的信息损失。为了克服以上缺点，文献[13]提出了非参数归一离散化准则，该准则避免了搜索参数时效率降低，并且该文献对多维变量定义了一个新的基于熵的不一致性度量，有效地控制了信息损失。文献[14]提出了基于信息熵和相依系数的加权混合离散化算法。王举范等学者提出了基于信息熵的粗糙集连续属性多变量离散化算法，该算法考虑了属性间和属性内断点的互斥性，将信息熵作为选择断点的标准[15]。

2. 基于统计理论的连续属性值离散化算法

基于应用统计学思想提出的连续属性值离散化算法多用统计学中的皮尔逊统计量 χ^2 值判断当前断点是否保留，当相邻区间的 χ^2 值超过预先设定的临界点值 χ_α^2 时离散化停止。其中 α 是重要度水平阈值，如果在算法中 α 设置得过高会引起过度离散化，而过低则引起不足离散化，过度离散化会引起很多不一致性，而不足则起不到离散化的作用。Su 等学者提出了 Extended Chi2 算法，该算法充分考虑了两个相邻区间的变化，并使用归一化差值 $D=(\chi_\alpha^2-\chi^2)/\sqrt{2\nu}$ (ν 为自由度)作为离散化合并标准[16]。文献[17]提出了 Integral Chi2 算法，将统计量 χ^2 和临界点值 χ_α^2 间对应的积分作为区间合并的依据，同时从理论上分析了由统计量 χ^2 和临界点值 χ_α^2 决定区间是否合并的意义。桑雨等学者以差异序列为标准合并区间，提出了 Rectified Chi2 算法[18]。文献[19]在进行区间合并时不但考虑了 Chi2 自由度，而且考虑了数据类分布对离散化结果的影响，而其停止条件则采用变精度粗集模型中的 β 近似精度为控制标准，以期在离散的区间数和分类错误率中寻找平衡。文献[20]提出了一种基于改进 χ^2 统计的离散化算法，该文献首先充分地考虑了相邻区间数对自由度的影响，其次根据数据类分布信息给出合理的期望频数，实验结果表明该算法显著地提高了分类精确度。文献[21]在 χ^2 离散化算法的基础上，提出了合理的改进算法 ND2，该算法规定当多个相邻区间的变化相同时，类别数最小的相邻区间首先合并，当类别数相同时，则先合并样本数最小的相邻区间。文献[22]提出了一种可以处理缺失数据的基于 Chi2 算法的离散化算法。

3. 基于类属性相互依赖的连续属性值离散化算法

基于类属性相互依赖的离散化算法通过计算类属性之间的相互依赖度离散连续属性值，即选取能够使得类-属性间依赖度值最大的断点作为最终选择断点。文献[23]提出了类属性相互依赖最大化离散化算法(Class-Attribute Interdependence Maximization，CAIM)，CAIM 算法属于有监督的离散化算法，其目的是最大化类和连续属性的相互依赖度，产生最少的离散区间数，且执行离散化算法时有一个合理的计算时间。该算法的优点是不需要预先指定区间的数目，不用提供任何的参数。Tsai 等学者提出了一种静态的、全局的、增量的、有监督的和自顶向下的基于类属性相依系数的离散化算法(Class-Attribute Contingency Coefficient，CACC)，该算法将目标类型和待离散属性看作两个变量，并且使用相依系数衡量变量之间的依赖程度[24]。文献[25]提出了不确定类属性相关最大化算法(Uncertain CAIM，UCAIM)，UCAIM 算法以 CAIM 算法为基础，通过引入新的不确定数据处理机制对 CAIM 算法进行扩展，其中使用概率基数构建不确定属性的量矩阵，并基于量矩阵定义了一个 UCAIM 准则来评估不确定属性和不确定类成员的相互依赖性，最终将最优的离散化组合定义为 UCAIM 值最高的一个，当包含有不确定数据时 UCAIM 算法明显好于传统的 CAIM 算法。解亚萍提出基于统计相关理论有效捕获类属性相互依赖关系取得断点进行离散化，并且用变精度粗糙集控制数据信息丢失[26]。周世昊和倪衍森提出了基于类-属性关联度的启发式离散化算法，该算法提出了一种新的离散化标准 NDC 和不一致衡量标准 NIC，其中 NDC 能够根据数据本身的特性选择最佳断点，而 NIC 则根据变精度粗糙集模型产生，并且能有效地控制信息丢失。该算法克服了 CACC 算法中区别对待每一个离散区间和忽略类分布位置对区间的影响等缺点，实验结果和统计分析表明，该算法显著地提高了 J4.8 决策树和支持向量机的分类精确度[27]。

4. 基于聚类的连续属性值离散化算法

聚类定义为一个类族是测试空间中点的汇聚，同一类内任意两点间的距离小于不同类任意两点间的距离，也就是在相同的类内个体的相似性越大则不同的类之间的相似性越小。基于聚类的离散化算法通过对候选断点集的聚类分析实现对连续属性值的离散化处理。文献[28]提出改进属性重要度为聚类依据，将数据值域划分成多个离散区间，然后为保证离散化结果的精度，使用信息熵对相邻的区间进行优化合并。文献[29]基于最近邻聚类和粗糙集理论提出了一种有监督的多属性离散化算法，该算法首先用最近邻聚类动态调整聚类的类别数目，然后根据区间相似度定义合并相似区间，该算法具有动态划分聚类区间和优化断点设置的功能。李鑫在其硕士论文中提出了基于大密度区域的模糊聚类算法(DCFCM)，该方法首先利用大密度区域以及样本密度值变化的方法选取初始聚类中心以及候选初始聚类中心，并利用两者的距离确定初始聚类中心点；然后用密度函数作为样本加权并引入了改进的隶属度函数以提高算法的抗噪性；最后动态调整参数用决策属性对条件属性的相容性作为评判标准，达到优化离散化的目的[30]。由于传统的模糊离散化算法对噪声数据很敏感并且忽略了属性之间的相关性，因此 Liu 等学者提出了基于改进模糊聚类的软划分离散化算法。该方法首先在大密度区间选择初始聚类中心，并用密度函数作为样本权重降低噪声干扰；其次以粗糙集理论中的决策表兼容性为标准，动态调整算法的参数实现最优离散化效果[31]。由于模糊 C 均值聚类(Fuzzy C-Means，FCM)算法完善的理论及广泛的应用，龚胜科等人将其应用于战斗机各个指标数据的离散化上，建立了基于粗糙集和 FCM 的空战效能评估模型[32]。

5. 基于进化算法的连续属性值离散化算法

进化算法是模拟生物种群行为而产生的一类算法，由于这类算法具有较高的鲁棒性、广泛的适用性和强大的全局搜索能力，从而引起众多学者的关注和研究。一些学者将其用于解决连续属性值离散化问题，并取得了很好的结果。文献[33]提出使用启发式遗传算法解决决策表中连续属性值离散化问题，该算法使用连续断点的重要性作为启发信息，算法不仅保留了断点的分辨能力，而且提高了局部搜索能力，并且通过实验证明了算法的有效性。文献[34]提出了一种神经网络和遗传算法相结合的选择和优化断点集合的方法，通过四层神经网络训练断点值，遗传算法用于选择最优的断点个数，实验结果表明，该算法可以获得较好的断点集合。学者 Yang 将免疫机制引入到遗传算法中，提出了基于免疫遗传算法的关联规则挖掘方法，算法中的个体由三部分组成，用于同时搜寻最优的断点集合、特征选择和挖掘关联规则，免疫机制的引入保证了种群的多样性，避免了算法的早熟收敛问题，并且提高了遗传算法的效率，实验结果表明该算法在离散化过程中可以获得简单而有效的关联规则，同时保持原信息系统的不可辨别关系[35]。Choi 等学者将模糊逻辑引入到离散化算法中，在模糊划分过程中区间个数、区间边界的位置以及重叠程度是重要的决策因素，因而该文章使用遗传算法在优化模糊划分参数的同时移除了不相关数据或者噪声属性，以此降低了需进行离散化的数据的维数[36]。文献[37]提出了一种执行连续属性模糊离散化的算法 OFP_CLASS，通过模糊划分进行离散化，算法分为两步：首先寻找每一个连续属性的断点即初始断点，然后使用遗传算法优化由初始断点形成的模糊集。许磊等学者提出了基于小生境离散粒子群的全局启发式离散化算法，该算法将决策属性支持度作为整体分类的度量，然后通过离散粒子群优化算法寻找最小断点集和最大决策属性支持度。小生境共享机制的引入不仅增强了离散粒子群算法的全局搜索能力，而且避免了早熟收敛问题的产生，实验结果证明了该算法在提高分类正确率的同时减少了断点个数[38]。文献[39]将粒子群优化算法引入到布尔逻辑推理中进行断点的选择。

表 1-1 对上述的几种连续属性值离散化算法的基本思想、优点和缺点等信息进行了总结。

表 1-1　几种连续属性值离散化算法的比较

算　法	基本思想	优　点	缺　点
基于信息熵的连续属性值离散化算法	保持原决策表的决策属性对条件属性的信息熵不变的前提下寻找最优划分	能根据样本数据本身的分类特性离散化，并以确切的数值描述知识	受样本数量影响较大，执行效率较低，并且需要先验知识
基于统计理论的连续属性值离散化算法	应用统计学判断与当前断点相邻的区间是否合并	无冲突数据处理结果较好	当样本集比较大时，离散化速度较慢，没有考虑区间大小和类别对离散化结构的影响，不适合处理不协调和不完全数据
基于类属性相互依赖的连续属性值离散化算法	通过设定的类属性评价指标判断断点值，从而实现对区间的划分	充分考虑了属性间的互补性和相关性，能够在保持分类关系不变的条件下得到断点集	计算时间复杂度较高
基于聚类的连续属性值离散化算法	在找出样本空间中存在的不同程度的相似性前提下，把相似程度较大的区间合并进行离散化	算法简单，易于实现，且不需要任何先验知识	离散过程较独立，容易产生不合理和多余的断点
基于进化算法的连续属性值离散化算法	通过使用模拟生物进化及种群行为的特点而产生的算法，不断搜寻满足最优条件的断点集合	全局搜索能力和鲁棒性较好，并且具有自学习、自组织和自适应等特点	算法参数严重影响算法结果，后期算法搜索效率较低

1.2.2 特征选择算法

刻板印象挖掘过程中所涉及的网络文本数据规模正以惊人的速度增长，然而这些海量数据中存在有大量的冗余信息。特征选择是剔除冗余信息最有效的方法，它的使用不仅可以减少后续挖掘算法的运行时间，而且可以提高数据的可读性，有助于从中挖掘出更多有价值的隐含规则。特征选择算法大致可分为以下几类：

1. 基于粗糙集(Rough Set，RS)的特征选择算法

由于经典的基于粗糙集的特征选择算法仅仅考虑了决策系统的正域信息，而忽略了负域和边界域信息，因而杨成东把直觉模糊集引入到不完备决策系统中。根据正域、负域和边界域之间的关系定义了决策系统上的直觉模糊集的肯定隶属函数和否定隶属函数，提出了决策系统的相对相似约简方法，实验结果表明选择适当的直觉模糊集间的相似度，会大大提高决策系统的分类精度[40]。Zhu 等学者为了解决传统近邻粗糙集方法中近邻因子选择困难等问题，提出了基于核近邻粗糙集的封装特征选择算法寻找包含高度多样性的特征子集，然后用基于分类的选择方法构建集成学习系统，此外为了增加多样性还设计了异类集成学习分类选择算法，最终结合多数投票和 D-S 证据理论来输出结果[41]。文献[42]为了克服经典粗糙集理论不能处理连续属性值的缺点，提出了基于模糊粗糙集的特征选择算法，通过在一组基准和微阵列基因表述数据上的实验验证了该算法的有效性。文献[43]提出了基于粗糙集和极端学习机(Extreme Learning Machine，ELM)的混合肝炎诊断算法，算法包括两步：第一步用 RS 去除冗余属性；第二步利用 ELM 对剩余属性进行分类，算法在 UCI(U.C Irvine)数据库中的肝炎数据集上进行了测试，分类精确度最高可达 100%。文献[44]提出了基于粗糙集的波长选择算法(用于近红外光谱分析)，该算法使用信息增益调节可辨识矩阵的大小、降低存储空间，通过与基于相关性和一致性的特征选择算法的比较，证明该算法可以保留光谱一结构关系，并为近红外光谱分析提供了可靠的模型变量。现实中存在大量的未标记的数据，无需提供类别标签信息的非监督特征选择方法非常适合于分析这类数据，文献[45]中提出了两种非监督模糊粗糙特征选择算法，其中一种依赖于关系测量，而另一种是对于分辨能力的测量，算法不需提供阈值信息，通过比较证明了该算法可以保留更多的有用属性。文献[46]提出了一种相关家庭的方法代替可辨识矩阵用于计算覆盖粗糙集的所有属性约简和相关属性约简，其核心思想是移除不必要的属性，同时保持覆盖信息系统的近似空间不变，相比于可辨识矩阵方法，相关家庭算法更加强大，可以处理更为复杂的情况。文献[47]提出了基于覆盖决策系统的属性约简算法，其首先定义了一致和不一致覆盖决策系统，然后规定了约简的充分必要条件，最后使用可辨识矩阵计算在一致和不一致覆盖决策系统中的约简，实验结果证明了相比于经典粗糙集算法该算法能获得更好的分类效果。

2. 基于相关性和一致性的特征选择算法

相关性即属性间的相关程度。一致性是指给定两个样本，若它们的特征值均相同，但类别不同，则称它们是不一致的，否则是一致的。一致性准则尽量保留原始特征的辨识能力。近年来，组合特征选择算法作为一种有效的权衡计算速度和分类精确度的方法被提出来，文献[48]将封装和过滤方法相结合，使用函数依赖性、相关系数和K-近邻方法实现特征过滤和特征封装。该文献使用了四种特征选择算法独立地选择重要的输入变量，这一过程中产生最好结果所对应的评估函数被选为获胜者，类似于信息融合的基本观念即从不同的来源整合信息。四个算法分两个阶段执行：(1) 粗粒度选择；(2) 细粒度选择。文献[49]提出了一种基于类依赖关系的特征选择算法，其使用模糊加权预处理作为加权过程和决策树分类的决策过程。该算法主要分三个步骤：首先使用基于类依赖性的特征选择算法进行特征选择；其次使用模糊加权预处理对选择的属性进行加权；最后使用决策树分类器进行决策，实验结果表明该算法可以有效地检测出黄斑病。文献[50]提出了一种新的基于一致性准则的特征选择模型，该模型仅计算不同类对象之间的相似性，并且既可以用于离散属性值的特征选择，也可以用于连续属性值的特征选择问题，通过理论分析及实验表明该算法的有效性。Orkun 等学者提出了一种基于一致性的特征选择算法，并将算法用于人体免疫缺损病毒(HIV-1)的研究，通过与现有算法的比较，证明了该算法的有效性[51]。文献[52]通过分析现有基于相关性特征选择算法的局限性，提出了基于曲线拟合属性相关性数据流特征选择算法(Feature Selection Based on Curve-Fitting Feature Relevance，FSCFFR)，该方法通过对具有趋势相关的属性进行相关性曲线拟合挖掘出相关属性，通过理论分析及实验表明该算法具有较高的实时性和有效性。文献[53]提出了一种基于冗余度和相关性联合的文本情感特性选择算法，通过将文本频率与信息增益、互信息和χ^2统计中的一种相结合进行特征选择。针对手型特征识别中存在的特征间高相关性问题，文献[54]利用相关系数和信息增益对特征进行评价，该方法能够保留分类中起重要作用的特征。

3. 基于信息论的特征选择算法

信息熵是对事件不确定性程度的度量，它能够以确切的数值描述知识，一些学者将其用于特征选择算法的设计。刘华文用互信息表示特征类间距离，用关联系数表示特征类内距离，并根据层次聚类的思想选择属性(保证子集有最大相关性和最小冗余)，然后针对互信息估值不准确的问题提出了动态互信息，用以描述特征之间的相关性，并提出了基于动态互信息和条件动态互信息的特征选择算法，用以克服传统互信息选择算法不能准确反映相关性动态变化的问题[55]。Li 等学者使用属性依赖性指导特征的选择，并用互信息减少属性的个数，该算法通过将依赖度选择标准和基于类的距离度量相结合，评估确定的相关性和不确定的相关性，实验结果表明，该算法找到的特征子集为近似最优解[56]。在传统的选择器中互信息是在整个样本空间中进行计算的，然而这样不能完全地表达属性间的关联性，为了解决该问题，文献[57]提出了基于动态互信息的特征选择算法，并设计了基于互信息的广义标准函数，其可以携带更多的信息量测。文献[58]提出了知识熵的概念，并将其与不确定度量相结合，应用于不完备信息和决策系统中，这些不确定度量为在不完全决策系统中测量不同知识的不确定性提供了重要的依据，此外为了进一步提高算法在不完备决策系统中特征选择的计算效率，文章还提出了一个新的约简的定义，并设计了一个低计算复杂性的启发式算法，实验结果表明，该算法可以从不完备数据集中找到最小特征子集。特征选择在肿瘤分析相关工作中也有着广泛地应用，文献[59]将近邻粗糙集框架下的不确定性度量(如近邻熵、条件近邻熵、近邻互信息和近邻条件互信息)用于基因和决策相关性的评估，并将前向顺序贪婪搜索策略与改进的最小冗余以及最大相关性算法相结合，提出了一种新的特征选择算法，该算法的时间复杂性较低，通过实验证明了算法的有效性。朱颢东和钟勇学者通过对信息熵和条件熵的研究发现交叉熵能够很好地表示两个分布函数所包含信息的差异程度，交叉熵越大，差异程度越大，因而文献[60]将交叉熵用于特征选择算法中。文献[61]提出了基于 Adaboost 和 K-L 距离的特征选择算法，算法首先用 Adaboost 更新样本权值，控制样本中边界点的强度，增加错分样本的重要性；然后采用 K-L 距离对边界片段进行筛选，利用正负样本边界点分布之间的鉴别信息去选择对分类更有用的特征属性，实验结果证明了该算法可以明显地提高分类性能。

4. 基于模糊的特征选择算法

模糊用于表达对象的不确定性，模糊集用于表达对象不确定概念的集合。文献[62]提出了一个基于模糊随机森林的算法，该算法可以直接处理清晰数据和低质量数据(包括不精确和不确定数据)，并且其将过滤和封装算法融入到顺序搜索程序中，用以提高特征选择的分类精确度。该算法主要包括三个步骤：(1) 特征集的缩放和离散过程以及使用离散过程的特征预选；(2) 使用模糊随机森林的模糊决策树对预选特征进行排序；(3) 使用基于交叉验证的模糊随机森林进行封装特征选择，通过在高维以及低质量数据上的实验表明该方法在分类精确度上以及选择的属性数量上都优于其他算法。文献[63]提出了基于支持向量机的混合特征选择算法 Wr-SVM-Fuzcoc，该算法结合了过滤和封装算法的优点，同时可以实现三个目标：提高分类器性能，降低数据维度和提高计算效率。算法在过滤部分使用基于模糊互补理论的前向特征搜寻算法，单个属性或者特征子集通过模糊局部评估法进行评估，并由模糊划分向量实现对每一个目标类的模糊隶属度的计算。在特征选择过程中经常要满足各种各样的准则(比如特征的辨别能力、模型性能或者子集基数等)，因此多目标规划十分适合解决这一类问题，文献[64]提出在模糊决策框架下使用模糊标准进行特征选择。该算法使得特征选择目标更加灵活，并且避免了经典多目标优化研究中不同目标权重的问题。文献[65]提出了一种基于优化模糊值的特征子集选择方法。该算法通过两类实例之间的整体重叠度和特征子集的大小对特征子集的质量进行了定义。粗糙集是解决特征选择问题的有效方法之一，因此将模糊集和粗糙集理论相结合是一种行之有效的方法，但是模糊粗糙集特征选择(Fuzzy Rough Set Feature Selection，FRFS)计算量是十分巨大的，因此降低 FRFS 的计算量是这一类算法研究的重点。文献[66]提出了基于模糊下近似的特征选择算法选择更小的特征子集，获得更好的分类精确度和更快的计算时间，该算法在大数据集中的效果尤为明显。

5. 基于距离的特征选择算法

利用距离来度量样本之间相似度的一类算法为基于距离的特征选择算法。文献[67]提出了一种基于欧氏距离的特征选择算法，该算法具有较强的鲁棒性，能够在节约存储空间的同时，进一步提高入侵检测的性能。文献[68]提出了基于邻域距离的聚类特征选择算法，该算法首先对原始无类别数据进行聚类并获得类别信息，然后使用邻域距离来度量属性的重要性，进而选择有较大分辨度的特征子集。Lee 等学者将增量前向特征选择算法应用在微阵列基因表达数据中，该算法受增量缩减支持向量机的启发，规定只有当一个新的特征可以带入最多额外信息时(用新特征向量和当前特征子集列空间跨度的距离衡量)，此特征才能被加入到现有特征子集中，此外，算法还使用增量前向特征选择法排除高度线性相关的属性。通过跟加权法以及标准支持向量机的比较，证明该算法能得到的特征子集中包含有更多的信息[69]。特征选择的目标是搜寻某一评价体系下的最优特征子集，然而搜索所有可能的子集是不现实的，文献[70]提出了基于距离辨别和分布重叠的特征选择算法，类间的分布重叠度可以为特征选择提供有用的信息，该算法不需使用穷举搜索和分支定界算法就可以找到近似最优的特征子集，通过在十个数据集上的测试证明了该算法的有效性。马氏距离用于表示数据协方差的距离不受量纲的影响，即两点之间的马氏距离与原始数据的测量单位无关，因此利用马氏距离可以排除变量之间相关性的干扰，文献[71]提出了基于马氏距离的特征选择算法，并将其用于解决模拟电路多故障诊断问题，该算法在诊断准确性和诊断时间之间取得了平衡，即在合理的时间内获得近似最优解。文献[72]提出了两种解决高维不平衡数据特征选择问题的算法：第一种算法首先将大类分解为相对平衡的伪小类，然后使用分解的数据来测量属性的优越性，此框架减小了不平衡分布数据对特征选择算法的影响；第二种算法为基于海林格距离的方法，由于计算海林格距离不包括类别信息，因此它对类分布不敏感，适合于处理不平衡类别分布的数据。巴氏距离是一种基于统计的距离，可以合理地衡量多维空间中不同类别的距离，此外它和分类错误率的上界有直接关系，文献[73]提出了基于巴氏距离的波段选择算法，通过实验表明，该算法可以选择最优的波段组合。选择特征对基因疾病辨别和药物制造也有着重要的影响。文献[74]使用测地距离代替欧式距离聚集相似的基因，因为测地距离包含了基因几何结构信息，最终算法选择在每一簇中有最高信噪比的基因作为输出。

6. 基于进化算法的特征选择算法

陈红在其硕士论文中提出了一种将蚁群优化算法和相关性分析相结合的特征选择算法，该算法首先用序列后向选择算法将原始属性排序；然后计算特征间的相关度并去除相关度较大的特征；最后利用以 Fisher 分类识别率和维数为适应度函数的蚁群算法对粗选后的特征集进行进一步的优化，通过与其他算法的比较表明了该算法能找到更加稳定、有效的特征组合[75]。张家柏和王小玲学者提出了基于聚类和二进制粒子群优化算法(Binary Particle Swarm Optimization，BPSO)的特征选择算法，首先根据属性间的相关性聚类分组和筛选属性，然后用 BPSO 算法进行优化搜索，实验结果表明，该算法可以大幅降低属性个数，并有效地找出具有较好性能的特征子集[76]。文献[77]基于粒子群优化算法和概率粗糙集模型的决策理论粗糙集(Decision-theoretic rough set，DTRS)提出了两种特征选择的新算法：第一种算法使用规则退化和 DTRS 的成本性能作为适应度函数，主要关注于选择特征子集的质量；第二种算法通过在适应度函数中加入个体特征的信任度实现了对第一种算法的扩展。最后该文献使用决策树(decisiontree，DT)，朴素贝叶斯(Naive Bayes，NB)，K-近邻(K-nearest neighbour，K-NN)这三种学习算法评估特征选择算法的性能。实验结果表明，这两种特征选择算法的效果好于传统的特征选择方法，并且第二种算法的性能好于第一种算法。特征选择算法有两个主要目标即最大化分类性能和最小化属性个数，然而大多数现存的特征选择算法是单目标算法，文献[78]中提出了基于二进制粒子群优化算法(BPSO)和概率粗糙集理论的多目标过滤特征选择算法，文献将该算法跟其他五种现有算法进行了对比，并用 DT，NB，K-NN 三个分类算法测试了该算法的普遍适应性，实验结果表明算法在属性个数和分类性能上均优于其他算法。寻找最小属性集合已被证明是一个 NP-难问题，因此需要探索一个有效的启发式算法去寻找近似最优解，Ding 等学者提出的基于量子衍生自适应协作进化的混合蛙跳算法，建立了一个新的、高效的最小特征选择算法：首先通过多级量子比特描述进化青蛙个体；其次为最小化特征选择设计了自适应协作进化模型，将进化属性划分到合理的子集，并依照它们的历史表现记录产生子集分配自适应机制，此外每一个子集通过量子衍生混合蛙跳算法进化。算法在全局优化函数、UCI 数据集和磁共振成像数据集上进行了验证，结果表明与现存的算法相比较，该算法在收敛速度和属性约简稳定性上性能更好[79]。设计合理的适应度函数是使用基于群的随机优化算法的关键之所在，文献[80]用两个例子证明了现有的适应度函数不仅没有解决最小特征选择和转换适应最大化等问题，还产生了过分强调现象，从而影响了随机优化算法的性能。为了克服这些缺点，其提出了一个新的适应度函数并证明了它能保证最优等价和约简过分强调现象，最后通过实验验证了适应度函数的有效性。

表 1-2 总结了上述六种特征选择算法的基本思想、优点和缺点。

表 1-2　几种特征选择算法的比较

算　法	基本思想	优　点	缺　点
基于粗糙集的特征选择算法	根据粗糙集理论中的不确定度量方法评价特征子集和确定终止条件	保证信息系统的分辨关系不变，无需任何先验信息	随着属性和样本的数目增加，计算量增大，耗时过大
基于相关性和一致性的特征选择算法	计算一个特征子集所对应的数据集的一致率	计算复杂性低，满足单调性	只能用于特征是离散的情况
基于信息论的特征选择算法	使用信息论中互信息和信息熵等概念作为评价特征子集的标准。	可以解决属性之间线性无关问题	需要先验信息，计算过程较复杂，且执行效率较低
基于模糊的特征选择算法	将模糊隶属度的概念应用于特征选择中	可以处理一些包含缺失信息的数据	隶属度函数的确定带有一定的经验和主观性
基于距离的特征选择算法	使用距离度量类别之间的可分性	距离度量是评价标准中理论最完善的一类，并简单有效	抗噪性不强
基于进化算法的特征选择算法	通过使用模拟生物种群行为而产生的算法，搜寻满足适应度函数的最优特征子集	能够解决一些不确定、有噪声、有约束的数据	没有可靠的算法终止条件和足够的理论基础，且算法参数多由经验得出

本 章 小 结

刻板印象及网络媒体影响力对于突发公共事件应急管理起到了重要作用。本章首先叙述了网络媒体影响力；其次说明了刻板印象的挖掘过程，对刻板印象挖掘中数据预处理阶段的连续属性值离散化问题和特征选择问题的研究现状进行了分析。

第 2 章　基于 UMDA 的离散化技术

随着网络的飞速发展、自媒体时代的到来，大量的数据将我们带入了信息爆炸的时代。许多刻板印象挖掘过程中的文本分类学习应用都和连续属性有关。由于一些高效的数据挖掘算法(如粗糙集、决策树和贝叶斯分类器等)只能处理离散数据，或者在离散数据上有更好的效果，因此，如果需要从众多的数据中挖掘出有价值的信息，我们必须对具有连续属性值的数据进行类型转换，才能使数据挖掘算法在刻板印象分析中发挥更大的作用，因此，对连续属性进行离散化是文本分类任务中的一个重要问题。随着进化算法(Evolutionary Algorithms, EAs)受到越来越多的关注，很多学者将其应用到连续属性值离散化问题中，研究表明 EAs 是一种有效的解决离散化问题[81]的方法。因此，本章用 EAs 的一个新分支分布估计算法(Estimation of Distribution Algorithms，EDAs)[82]来解决离散化问题。单变量边缘分布估计算法(Univariate Marginal Distribution Algorithm，UMDA)是 EDAs 的一种，其将统计学习理论和 EAs 相结合，具有算法简单、性能优良等特点，且需要调节的参数较少[83]。因此，本章提出了一种基于 UMDA 的连续属性值离散化算法，并以分类精确度和断点数量相结合的方式作为性能度量指标[84]。

2.1　连续属性值离散化模型

根据实际需求的不同，对数据离散化结果的精度和质量的要求也不尽相同，现以贝叶斯分类器为例，对连续属性值进行离散化处理的必要性进行简要说明。贝叶斯分类器通过式 $p(X_i = x_i | C = c) = |X_i^c| / N$ 计算属性的概率值，其中 $|X_i^c|$ 用于表示类别为 c、属性值为 x_i 的样本出现的个数，N 表示样本总数。假设样本空间中的属性值属于连续域，这时如果类别 c 中只有一个或者很少的几个样本属性值为 x_i，也就是说 $|X_i^c|$ 取值很小，那么当 N 的取值相对较大时，属性概率的取值必将很小，甚至趋于 0，简单高效的贝叶斯分类器在这种情况

下就几乎没有用武之地。综上所述，如果在进行数据挖掘之前先对连续属性值进行了离散化处理，那么一些高效的数据挖掘算法就能取得更好的结果，所以离散化是知识发现中非常关键的一个步骤。

离散化就是通过一定的算法将连续值映射到离散空间中，现以体重指数为例，简要说明一下离散化过程。体重指数(Body Mass Index，BMI)是一个连续数值，其计算方法为体重(以千克为单位)除以身高(以米为单位)的平方，例如一个人身高为1.75米，体重为70千克，则 $\text{BMI}=\dfrac{70}{1.75^2}=22.86(\text{kg/m}^2)$ 。我国国家卫生与计划生育委员会发布的成人体重判定参考标准将连续的BMI值根据其取值大小的不同映射到了四个离散的空间中，当BMI的取值小于18.5时，用标号1表示体型偏瘦；当BMI的取值在18.5和23.9之间时，用标号2表示体型正常；当BMI的取值在24.0和27.9之间时，用标号3表示体型偏胖；当BMI的取值大于等于28.0时，用标号4表示体型肥胖。而世界卫生组织(World Health Organization，WHO)以及其他亚洲国家则根据不同的标准将BMI值进行了更加细致地划分，WHO标准将BMI值化分为六个离散区间，而其他亚洲国家则将BMI值划分为五个离散区间，如表2-1所示。

表2-1　体 重 指 数

标号	分类	WHO标准	亚洲标准	中国参考标准[85]
1	偏瘦	＜18.5	＜18.5	＜18.5
2	正常	18.5～24.9	18.5～22.9	18.5～23.9
3	偏胖	25.0～29.9	23.0～24.9	24.0～27.9
4	肥胖	30.0～34.9	25.0～29.9	≥28.0
5	重度肥胖	35.0～39.9	≥30.0	——
6	极重度肥胖	≥40.0	——	——

2.1.1　离散化问题描述

离散化问题描述如下：

设 $S=\langle U, C\cup\{d\}, v, f\rangle$ 为一决策表，其中：

论域 $U=\{\mu_1, \mu_2, \cdots, \mu_n\}$ 是一个非空有限集，n 为样本个数；

$C=\{a_1, a_2, \cdots, a_m\}$ 和 $\{d\}$ 分别称为条件属性集和决策属性集，m 为条件属性个数；

$v=\underset{a_i\in C\cup\{d\}}{U} v_{a_i}$ 是属性取值范围构成的集合，其中，i=1，2，…，m，v_{a_i} 是

属性 $a_i \in C \cup \{d\}$ 的值域；

f：$U \times C \cup \{d\} \to v$ 是信息函数，它指定 U 中的每一个对象各个属性的取值。

假设对于 $a_i \in C$，值域 $v_{a_i} = [s_{a_i}, l_{a_i}] \subset R$ (R 为实数集)，属性 a_i 的值域 v_{a_i} 上的一个断点可以记为有序对 $(a_i, H_i^{a_i})$，其中：$a_i \in C$，$H_i^{a_i} \in R$ (R 为实数集)。在值域 $v_{a_i} = [s_{a_i}, l_{a_i}]$ 上的任意一个断点集合 $\{(a_i, H_1^{a_i}), (a_i, H_2^{a_i}), \cdots, (a_i, H_{k_{a_i}}^{a_i})\}$ 定义了 v_{a_i} 上的一个划分 P_{a_i}：

$$P_{a_i} = \{[H_0^{a_i}, H_1^{a_i}), \ [H_1^{a_i}, H_2^{a_i}), \ \cdots, \ [H_{k_{a_i}}^{a_i}, H_{k_{a_i}+1}^{a_i}]\}$$

$$s_{a_i} = H_0^{a_i} < H_1^{a_i} < H_2^{a_i} < \cdots < H_{k_{a_i}}^{a_i} < H_{k_{a_i}+1}^{a_i} = l_{a_i}$$

$$v_{a_i} = [H_0^{a_i}, H_1^{a_i}) \cup [H_1^{a_i}, H_2^{a_i}) \cup \cdots \cup [H_{k_{a_i}}^{a_i}, H_{k_{a_i}+1}^{a_i}]$$

断点集 P_{a_i} 将连续属性 a_i 的取值分成了 $k_{a_i}+1$ 个等价类。a_i 的值域就被离散的整数值 $\hat{v}_{a_i}$ 所取代，$\hat{v}_{a_i} = \{\hat{v}_0^{a_i}, \hat{v}_1^{a_i}, \cdots, \hat{v}_{k_{a_i}+1}^{a_i}\}$，定义如下：

$$\hat{v}_{a_i} = \begin{cases} \hat{v}_0^{a_i} & if\ \mu_j < H_0^{c_i} \\ \hat{v}_{i+1}^{a_i} & if\ H_i^{a_i} \leqslant \mu_j < H_{i+1}^{a_i} \end{cases} \tag{2-1}$$

因此，所有条件属性的划分 $P = \bigcup\limits^{a_i \in C} p_{a_i}$ 就定义了一个新的决策表 $S^p = \langle U, C \cup \{d\}, \hat{v}, f^p \rangle$，即把原来含有连续数值属性的决策表 S 转换成离散的决策表 S^p。

2.1.2　离散化算法分类

现有的离散化算法可以从以下几个方面进行分类[86]：

1. 自底向上和自顶向下

根据数据的间隔进行合并或分割可将离散化算法分为自底向上和自顶向下。自底向上离散化算法在算法初始化阶段将所有的初始断点都包括在内，在接下来的步骤中逐步删除冗余或没有实际意义的断点，合并相邻的区间，直到算法满足在初始化过程中设定好的停止条件，离散化过程结束。而自顶向下离散化算法在初始化时将断点集合设置为空集，在接下来的步骤中逐步地将新断点加入到断点集合中，直到满足设定的结束条件为止。

2. 全局和局部

按照离散化数据时所使用样本的多少，算法可以分为全局和局部两种类型。全局类算法用样本空间中所有的样本进行离散化，而局部类算法仅使用部分样本进行离散化[87]。

3. 动态和静态

动态类算法将数据属性间的相关性考虑在内，同时对所有属性进行离散化处理；静态类算法不考虑属性间的相关性，而是认为属性之间是相互独立的，因此这一类算法依次离散每一个属性，具有广泛的适用性。

4. 有监督和无监督

根据算法是否引入决策属性值，可分为有监督和无监督两种类型。有监督类算法主要依靠决策属性对连续属性进行离散化，离散后的数据对于后续数据挖掘算法有较强的适用性，如自然算法(Naïve Scaler，NS)将要离散化的属性进行排序，根据决策属性的改变产生断点，半自然算法跟自然算法的思想类似，但产生的断点数目相对较少，此外基于卡方统计的系列算法、基于类属性关系的系列算法、基于进化算法的系列算法等都属于有监督类离散化算法。无监督算法主要包括等宽离散化算法(人为指定 M 个区间数目，并将属性值域划分为 M 个区间，每个区间宽度相等)和等频离散化(人为指定 N 个区间，每个区间有相同的样本数[88])，鱼群密度评估方法[89]和核密度评估方法[90]等，这类算法在离散化时不依赖于决策属性，也不考虑信息系统的分辨关系和样本的固有特性，一次性得到所有的断点值，因此算法效率较高。

2.1.3 离散化步骤及评价指标

数据离散化过程一般分为三个步骤：

(1) 计算用于对各连续属性值进行离散化的初始候选断点集合；

(2) 从候选断点集合中选取一个满足某种标准的最优子集，作为离散化过程实际采用的断点集合；

(3) 根据所选最优断点子集对决策系统进行离散化。

其中，候选断点集合的确定是解决数据离散化问题的基础，而最优断点子集的选择则是离散化问题的关键所在。

目前，国内外已有大量学者对连续属性值离散化问题展开了研究，提出了各种各样的方法，这些方法各有千秋，然而却没有一个统一的标准对其优劣进行评价，这是由以下两个原因造成的：首先每个数据集中包含的连续属性值域会有很大的差别，此外还存在有一些连续和离散数据混合的数据集；其次离散化算法和后续的数据挖掘算法也存在一定的相关性，同样的离散化数据应用于不同的数据挖掘算法会有不同的结果。

虽然没有一个统一的标准衡量离散化算法的好坏，但是离散化结果的质量如何评价，也有一些直观的原则，主要包括以下三种衡量指标[91]：

(1) 数据简化性：由离散数据断点的多少反映。断点个数越少，离散后的数据越简单，提取出来知识的通用性就越强，离散化结果就越好。

(2) 不一致数：过少的区间数会导致原始数据的信息丢失，数据被离散化后不一致数越少，数据的信息丢失越少，离散化结果越好。对于两个样本，如果除了它们的类属性值，其他所有属性的属性值都相同，则这两个样本是不一致的，如两个不一致样本(0，1，*a*)和(0，1，*b*)，数据的不一致数是所有不一致样本数之和。一个好的离散化算法能在离散区间数与数据不一致数之间找到一个最好的权衡。

(3) 分类精度：衡量离散化质量的最重要指标之一，一般由数据挖掘分类算法产生。离散化后数据的分类精度越高，离散化结果越好。

2.2 基于 UMDA 的离散化算法

连续属性值离散化已被证明是一个 NP-难问题，随机搜索算法是解决这类问题的一个有效途径，因此，本章提出了一个基于 UMDA 的离散化算法。

2.2.1 候选断点的产生

候选断点集的确定是解决数据离散化问题的基础，NS[92]算法已经被证明是一种有效的断点集产生算法，具有十分广泛的应用。NS 算法不需要设置任何额外参数，仅仅根据连续数据本身的特性进行离散化处理，其中断点的获得仅依靠条件属性值和决策属性值，因此，本章中使用 NS 算法产生离散化候选断点集。

下面给出 NS 算法的主要步骤。

算法 2.1 NS 算法

输入：决策表 $S=\langle U, C\cup\{d\}, v, f\rangle$，条件属性 $C=\{a_1, a_2, \cdots, a_m\}$，$m$ 个条件属性。

输出：候选断点集 candidate_breakpoints。

步骤 1 候选断点集 candidate_breakpoints = Ø；

步骤 2 将条件属性 $a_i\in C\ (i=1, 2, \cdots, m)$从小到大排序，得到样本序列 $u_1, u_2, \cdots, u_N$(样本总数为 N 个)，即 $a_i(u_1)\leqslant a_i(u_2)\leqslant\cdots\leqslant a_i(u_N)$，其中 $a_i(u_j)(j=1, 2, \cdots, N)$表示样本 u_j 的条件属性 a_i 的值；

步骤 3 依次扫描每个连续的条件属性值，如果相对应的决策属性值不

同，则将两个条件属性值的均值作为候选断点，即

```
for j=1 to (N-1)
  if d(uj)≠d(uj+1)   (d(uj)表示样本uj的决策属性值)
     candidate_breakpoints= candidate_breakpoints∪((ai(uj)+ai(uj+1))/2)
   end if
end for
```

步骤4 输出候选断点集 candidate_breakpoints。

候选断点集中包括很多冗余和不相关的断点，因此，需要我们对其进行进一步的处理，即从中选取一个不影响原始数据所携带信息的断点子集。本章的主要工作就是在候选断点集的基础上选择一个断点子集，并获得尽可能高的分类精确度和尽可能少的断点个数，在两者中找到平衡。

2.2.2 UMDA 算法

近年来人们从不同的角度对生物系统及其行为进行了模拟，从而产生了随机优化算法这一新兴学科，其中主要包括以达尔文进化论思想为基础的遗传算法，受鸟群捕食行为启发的粒子群优化算法，受蚂蚁在寻找食物过程中发现路径启发的蚁群算法，基于概率分布的分布估计算法等。这些算法与一些传统的算法如穷举法、微积分法等相比具有更高的鲁棒性和广泛的适用性，此外还具有自学习、自适应、自组织等特性，可以有效地处理很多传统优化算法难以解决的复杂问题。这类算法的大致过程可以归纳为如图2-1所示的形式。

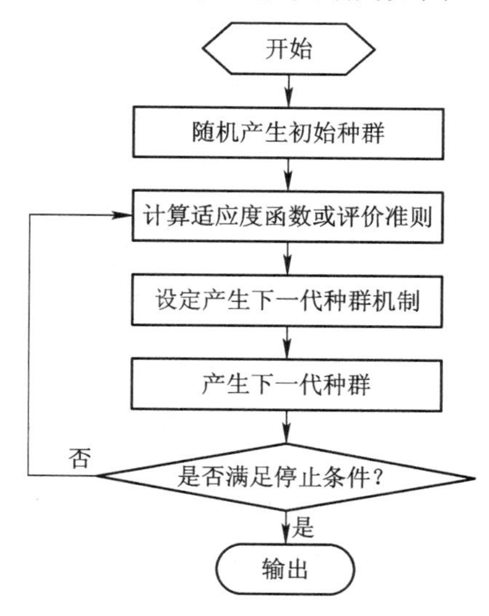

图2-1　随机优化算法流程图

EDAs是随机优化算法中较新的一个种类，该算法将统计学习理论和EAs

相结合，提出了一种全新的进化模式，EDAs 和其他 EAs 最主要的区别是产生下一代种群时所用到的进化策略不同，EDAs 采用统计学习的方法建立解空间的概率分布模型，新一代的个体是通过采样概率分布模型而产生的。传统 EAs 是对生物进化微观层面的建模，通过对种群中各个体的重组或变异等操作实现种群的进化，而 EDAs 则是对整个种群建立概率模型，描述整个种群的进化趋势，是对生物进化宏观层面上的建模。EDAs 算法的基本流程图如图 2-2 所示。

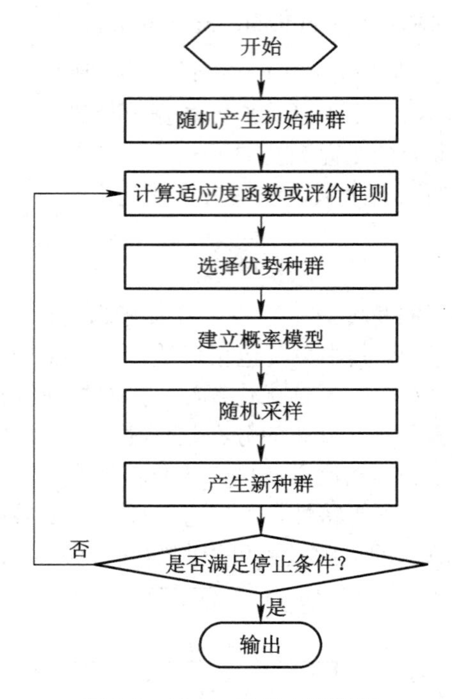

图 2-2　EDAs 的基本流程图

德国学者 Mühlenbein 提出的 UMDA 是 EDAs 中的一种，该算法假设所有变量之间相互独立，并且不使用交叉算子和变异算子，而是从每一代的若干个优势个体中提取出统计信息，继而依照这些优势个体建立概率分布模型，通过采样这个概率分布模型得到新一代的个体[93]。

下面给出 UMDA 具体的程序流程。

算法 2.2　UMDA 算法

步骤 1　随机产生个数为 N 的初始种群 D_t，t=0，最大循环代数=T；

步骤 2　依次计算每一个个体的适应度函数值；

步骤 3　选择 $M(M<N)$个个体作为优势种群 D_{t-1}^{sel}；

步骤4 依照优势种群产生的概率分布函数 $p_t(x)$ 定义如下：

$$p_t(x)=p(x\mid D_{t-1}^{\text{sel}})=\prod_{i=1}^{q}p_t(x_i)=\prod_{i=1}^{q}\frac{\sum_{j=1}^{M}\delta_j(X_i=x_i\mid D_{t\text{-}1}^{\text{sel}})}{M} \tag{2-2}$$

其中 q 为变量个数， $p_t(x_i)$ 表示变量 x_i 在第 t 代为1的概率，

$$\delta_j(X_i=x_i\mid D_{t\text{-}1}^{\text{sel}})=\begin{cases}1 & X_i=x_i\\0 & \text{otherwise}\end{cases}$$

步骤5 采样优势种群的概率分布函数 $N-M$ 次产生新一代种群；

步骤6 判断算法是否满足终止条件($t\leqslant T$)，满足则算法结束，否则算法返回步骤2继续进行，$t=t+1$。

下面通过一个简单的算例介绍UMDA的流程，设定适应度函数为：

$$f=\max\sum_{i=1}^{6}x_i$$

(1) 按照均匀分布随机产生初始种群 D_t，循环代数 $t=0$，$p_0(x)$=(0.5，0.5，0.5，0.5，0.5，0.5)，种群大小设置为8，每个个体包含6个变量，初始种群如表2-2所示。

表2-2　初始种群及适应度函数值

初始种群序号	x_1	x_2	x_3	x_4	x_5	x_6	f
1	0	1	1	0	0	0	2
2	1	1	1	1	0	1	5
3	1	0	1	0	0	0	2
4	0	0	0	1	1	0	2
5	0	0	0	1	1	0	2
6	0	1	1	0	0	1	3
7	1	1	0	0	1	1	4
8	1	0	0	1	1	1	4

(2) 选择适应度函数值较高的4个个体为优势种群 D_{t-1}^{sel}，如表2-3所示。根据式(2-2)计算优势种群的概率向量 $p_1(x)$ = (0.75，0.75，0.5，0.5，0.5，1.0)。

表 2-3　优势种群 D_{t-1}^{sel}

初始种群序号	x_1	x_2	x_3	x_4	x_5	x_6	f
2	1	1	1	1	0	1	5
7	1	1	0	0	1	1	4
8	1	0	0	1	1	1	4
6	0	1	1	0	0	1	3

(3) 按照优势种群的概率向量 $p_1(x)$随机采样产生 4 个新个体，如表 2-4 所示，从表中可以看出适应度函数值有了显著提高。

表 2-4　新一代种群及适应度函数值

新一代种群序号	x_1	x_2	x_3	x_4	x_5	x_6	f
1	1	1	1	1	0	1	5
2	1	1	0	0	1	1	4
3	1	0	0	1	1	1	4
4	0	1	1	0	0	1	3
5	1	0	1	0	0	1	3
6	0	1	0	1	1	1	4
7	1	1	0	0	0	1	3
8	1	1	1	1	1	1	6

至此 UMDA 完成了一个迭代步骤，返回到算法 2.2 中的步骤 2，从表 2-4 中继续选择优势种群，建立概率分布模型，通过迭代，适应度函数值高的个体出现的概率越来越大，直至满足预先设定的停止条件时算法结束。

2.2.3　基于 UMDA 的离散化算法

将 UMDA 用于连续属性值离散化时首先需要解决两个主要问题，个体的编码和适应度函数的设计。本章中基于 UMDA 的离散化算法的主要思想就是利用个体的编码实现对候选断点的划分，利用适应度函数引导算法实现最优断点集合的选取。

在本章中，每一个个体的长度设置为需要离散的数据属性的候选断点个数的总和，而个体中的每一位对应一个候选断点，因此，个体编码可表示成如下形式：

$$x_{11}\cdots x_{1N_1}x_{21}\cdots x_{2N_2}x_{31}\cdots x_{3N_3}\cdots x_{q1}\cdots x_{qN_n}$$

其中，q 表示要离散的条件属性个数，Ni 表示第 i 个条件属性对应的候选断点的个数，个体长度定义为$(N_1+N_2+\cdots+N_g)$，即所有候选断点数目总和，$x_{iN_i}\in\{0, 1\}$，x_{iN_i} 为 1 表示这个候选断点保留，为 0 则表示丢弃此候选断点。

适应度函数值反映了个体对于环境的适应能力，用于引导算法的进化方向，所以适应度函数的设计对于算法有着决定性的影响。在本章中我们研究连续属性值离散化的目标是用尽量少的断点离散数据，获得尽可能高的分类精确度，即在断点个数和分类精确度中寻找最佳的平衡点。因此，在本章的适应度函数设计中，同时考虑了断点的个数和分类精确度，具体形式如下：

$$\text{Fit}=\beta * f_1+(1-\beta) * f_2 \tag{2-3}$$

其中，$f_1=p/R$(p 是候选断点的个数，R 是通过 UMDA 选择的断点个数)，f_2 是分类精确度，$\beta\in(0, 1)$是断点个数和分类精确度的权重系数。f_1 跟选择断点的数量成反比，选择的断点个数越少，f_1 值越大。

使用 UMDA 进行离散化时，我们不仅利用优势种群建立概率模型来产生新的种群个体，而且在下一代中会保留一部分上一代种群的优势个体，这样大幅地节省了算法运算时间，此外保留了优势个体的同时加快了算法的收敛速度。下面给出基于 UMDA 的离散化算法的具体程序流程。

算法 2.3　基于 UMDA 的离散化算法

步骤 1　输入原始数据集 Original_dataset;

步骤 2　使用算法 2.1 获得候选断点集 candidate_breakpoints;

步骤 3　设置种群大小为 H，最大循环代数为 T;

步骤 4　随机产生初始种群 Initial_pop;

步骤 5　依据式(2-3)计算每一个个体的适应度函数值；

步骤 6　选择 S 个适应度函数值高的个体作为优势种群 D_{t-1}^{sel}，设置 $t=t+1$，$S=H/2$;

步骤 7　依照式(2-2)计算联合概率分布 $P_t(x)$;

步骤 8　依照联合概率分布 $P_t(x)$采样，产生 $H-S$ 个新个体；

步骤 9　判断算法是否满足终止条件($t\leqslant T$)，如果满足则算法停止，否则返回步骤 5;

步骤 10　输出最大适应度值的个体。

2.3　实验结果

本章的实验中我们分别使用了两种分类器：(1) 径向基函数(Radial Basis

Function，RBF)核的支持向量机(Support Vector Machine，SVM)[94]；(2) ID3 学习算法的决策树(Decision Tree，DT)，对所设计的连续属性值离散化算法的性能进行了测试。

2.3.1 实验数据

本章从 U.C. Irvine(UCI)[95]机器学习数据库中选择了十四个数据集，其中每一个数据集中至少含有一个连续属性值，在移除数据集中含有缺失属性的个体后，各数据集的详细信息如表 2-5 所示，其中最小的数据集 Iris 包含有三类 150 个样本，最大的数据集 Abalone 包含有三类 1891 个样本。

表 2-5　本章实验数据集的详细信息描述

数据集名称	连续属性个数	条件属性个数	样本个数	决策属性值
Iris	4	4	150	3
Blood	4	4	748	2
Glass	10	10	214	6
Liver	6	6	345	2
Heart	6	13	270	2
Australian	6	14	690	2
Diabetes	8	8	768	2
Credit	6	15	653	2
Breast(Diagnostic)	31	31	569	2
Ionosphere	32	33	351	2
Wine	13	13	178	3
Ecoli	7	7	327	5
Abalone	7	8	1891	3
Yeast	8	8	1479	9

2.3.2 评价指标

本章中使用断点个数以及分类精确度作为算法的评价指标，其中断点个数为算法最终所选择的断点数目，而分类精确度定义为正确分类的样本在总体中所占的比重。此外，本章的算法均采用 10 倍交叉验证进行测试，也就是将给定的数据集分成大致相当的 10 份，用其中的 9 份做训练，剩余的一份做测试，如此循环 10 次，最终结果为 10 次运行结果的平均值。

2.3.3　参数对算法性能的影响

在本章实验中，我们将 UMDA 算法的种群大小设置为 50，最大循环迭代次数设置为 500，同时在表格中对最优结果都进行了加粗表示。

权重系数 β 是影响本章提到的算法的性能的一个重要参数，如果取值过小表示分类精确度所占比例较大，会使结果过度关注分类精度；然而取值太大则会造成算法过度离散化即偏向于选择较少的断点个数，数据丢失信息过多。因此，我们将 β 对算法性能的影响进行了测试，表 2-6 给出了在 Liver 数据集中使用 SVM 分类器以及 Ecoli 数据集中使用 DT 分类器时，权重系数的改变(β 从 0.1 增长到 0.9)对算法结果的影响。

表 2-6　权重系数 β 对算法性能的影响

	Liver 数据集(SVM)		Ecoli 数据集(DT)	
	断点个数	分类精确度(%)	断点个数	分类精确度(%)
$\beta = 0.1$	47	81.4286	76	87.8788
$\beta = 0.2$	48	82.0000	74	87.2788
$\beta = 0.3$	48	82.0000	75	87.8788
$\beta = 0.4$	49	82.2857	72	87.2727
$\beta = 0.5$	45	82.0000	63	88.1818
$\beta = 0.6$	35	80.0000	59	86.9697
$\beta = 0.7$	30	78.8571	53	86.9697
$\beta = 0.8$	18	76.5714	39	86.5758
$\beta = 0.9$	6	60.5714	26	85.1515

从表 2-6 中可以看出，权重系数 β 对断点个数以及分类精确度都有着明显影响，β 越大断点个数在适应度函数中所占的比重就越大，这时断点个数越少则适应度函数值越大，然而由于输入信息的不足会引起分类精确度的降低，但是过小的 β 值又会使算法不足离散化，从而引起断点个数的激增，失去离散化的意义。从表中可以看出，当 β 取 0.5 时算法可以在断点个数和分类精确度之间获得平衡，即算法可以用相对较少的断点个数获取相对较高的分类精确度，因此在本章接下来的实验中，权重系数 β 均设置为 0.5。

2.3.4　适应度函数对算法性能的影响

为了验证本章所设计的适应度函数性能，我们分别以 SVM 和 DT 作为分类器在 14 个数据集上进行了测试，并将结果与传统的以分类精确度引导进化算法的适应度函数所得结果进行了比较(结果如表 2-7 和表 2-8 所示，在所有实验的表格中都对最好结果进行了加粗表示)。表格中用 UMDA^1 和 UMDA^2 分别表示各算法采用不同的适应度函数，其中上角标 1 表示算法仅仅采用分类精确度为适应度函数，上角标 2 表示算法采用本章设计的式(2-3)即断点个数和分类精确度相结合的方式作为适应度函数。从表 2-7 中可以看出，相比于传统适应度函数，本章提出的适应度函数在大多数数据集中大幅的降低了断点数量，同时分类精确度也略有提高。例如在 14 个数据集中我们提出的方法有 8 个数据集的精确度好于 UMDA^1 算法，一个数据集(Ionosphere)有相同的分类精确度。以 Glass 数据集为例，UMDA^2 和 UMDA^1 的分类精确度基本近似，然而断点个数却有了大幅地降低，UMDA^2 比 UMDA^1 断点个数减少了 54 个。从表 2-8 中可以看出用 DT 分类器 UMDA^1 算法的精确度在 14 个数据集中仅有 4 个数据集好于我们提出的 UMDA^2 算法，还有 4 个数据集(Iris，Ionosphere，Wine 和 Ecoli)中两种算法有相同的精确度，而我们算法所用的断点个数仅仅在一个数据集(Australian)中多于 UMDA^1 算法。以 Diabetes 数据集为例，精确度降低了 1.039%，而断点个数却减少了 56 个。因此，在两种不同的分类器上都可以得出本章设计的适应度函数能够在大多数数据集上得到更少的断点个数，能在两种评价指标中取得更好的平衡，因此在接下来的实验中均使用式(2-3)为适应度函数。

表 2-7　适应度函数对算法结果的影响(SVM 分类器)

数据集	候选断点个数	UMDA^1		UMDA^2	
		断点个数	分类精确度(%)	断点个数	分类精确度(%)
Iris	42	16	**98.6667**	**4**	97.3333
Blood	79	33	**81.0667**	**13**	80.2667
Glass	589	199	70.8995	**145**	**71.4286**
Liver	145	66	79.1429	**45**	**82.0000**
Heart	158	64	**86.6667**	**51**	84.8148
Australian	518	206	82.3188	**182**	**82.4638**
Diabetes	535	203	72.8571	**160**	**74.6753**
Credit	526	**176**	82.4242	187	**82.7119**
Breast(Diagnostic)	4490	2272	72.1569	**2218**	**74.1812**
Ionosphere	2261	1146	**100.0000**	**1105**	**100.0000**
Wine	561	**253**	97.2222	289	**100.0000**

续表

数据集	候选断点个数	UMDA1		UMDA2	
		断点个数	分类精确度(%)	断点个数	分类精确度(%)
Ecoli	252	48	**93.0303**	**31**	91.5152
Abalone	2336	1108	47.9894	**999**	**48.1481**
Yeast	281	77	**63.4014**	**59**	63.1973

表 2-8　适应度函数对算法结果的影响(DT 分类器)

数据集	候选断点个数	UMDA1		UMDA2	
		断点个数	分类精确度(%)	断点个数	分类精确度(%)
Iris	42	21	**98.0000**	**4**	**98.0000**
Blood	79	25	**81.0667**	**4**	79.2000
Glass	589	287	77.2487	**185**	**79.3651**
Liver	145	54	**78.8571**	**43**	78.5714
Heart	158	81	91.2500	**74**	**91.6667**
表 Australian	518	**234**	81.4493	268	**81.8841**
Diabetes	535	259	**81.4286**	**203**	80.3896
Credit	526	278	91.5254	**249**	**91.6949**
Breast(Diagnostic)	4490	2184	97.0175	**1580**	**97.1930**
Ionosphere	2261	1150	**99.6875**	**1093**	**99.6875**
Wine	561	280	**100.0000**	**137**	**100.0000**
Ecoli	252	114	**88.1818**	**63**	**88.1818**
Abalone	2336	1156	**56.4550**	**1053**	56.2963
Yeast	281	143	53.2653	**109**	**53.3333**

2.3.5　实验结果及分析

首先，为了验证 UMDA 算法在离散化中的适用性，我们将其与文献[96]

提出的改进粒子群优化算法(MPSO)进行了对比，其中分类器使用 SVM，结果如表 2-9 所示。从表中可以看出，在 14 个数据集中本章算法在 8 个数据集上所取得的精确度好于 $MPSO^2$ 算法，两个数据集(Ionosphere 和 Wine)有相同的分类精确度，在其他的几个数据集中得到的分类精确度值略低于 $MPSO^2$ 算法，但是差别几乎可以忽略不计，然而在其中的 12 个数据集上 $UMDA^2$ 算法在断点个数这一评价指标上有了明显的提升。因此，我们可以得出结论：相比于 MPSO 算法 $UMDA^2$ 算法更适合于解决离散化问题。

表 2-9　两种算法在十四个数据集上的测试结果(SVM 分类器)

数据集	原始数据(%)	$MPSO^2$		$UMDA^2$	
		断点个数	分类精确(%)	断点个数	分类精确度(%)
Iris	98.0000	18	**98.0000**	**4**	97.3333
Blood	70.1333	24	78.8000	**13**	**80.2667**
Glass	64.0212	283	**71.9577**	**145**	71.4286
Liver	59.4286	62	73.4286	**45**	**82.0000**
Heart	75.9259	85	77.7778	**51**	**84.8148**
Australian	75.7971	258	76.3768	**182**	**82.4638**
Diabetes	65.1948	250	69.2208	**160**	**74.6753**
Credit	76.0606	259	79.3220	**187**	**82.7119**
Breast(Diagnostic)	64.9020	**2201**	**74.7860**	2218	74.1812
Ionosphere	93.6111	1135	**100.0000**	**1105**	**100.0000**
Wine	79.4444	**256**	**100.0000**	289	**100.0000**
Ecoli	75.7576	110	80.0000	**31**	**91.5152**
Abalone	46.2434	1161	**48.5714**	**999**	48.1481
Yeast	43.3333	119	57.1429	**59**	**63.1973**

图 2-3、图 2-4 和图 2-5 分别给出了本章中的 $UMDA^2$ 算法使用 SVM 分类器在 Australian 和 Heart 数据集上所取得的适应度函数值、分类精确度和断点个数与迭代次数之间的关系图，在图中，横轴用于表示算法的迭代次数，纵轴表示算法所取得的相应结果。如图 2-3 所示，UMDA 由于保留了优势种群并且新生成的个体是通过采样优势种群的概率分布函数而得到的，因而种群中个体都向最优解移动。算法在开始迭代时由于随机性较大，种群中存在离最优解较

远的个体，因而 UMDA 在每一代的适应度函数最大值和所有个体的平均值有一定的差异，均值低于最优值，但是有基本相同的走势。然而，随着种群的进化，性能好的个体出现的概率不断增大(极限情况下群体中的每个个体都是最优解)。在图中 Heart 数据集的适应度函数平均值和最大值在进化后期还没有完全重合，因为种群还在寻优过程中，即算法在迭代到 500 次的时候还没有完全收敛，增加迭代次数还有可能会使该值进一步增加，而 Australian 数据集均值曲线和最大值曲线在进化后期则重合，则表明算法已收敛。在图 2-3 中 Heart 数据集在迭代后期最大适应度函数值有小幅的增加，而图 2-4 中分类精确度却没有什么变化，可是从图 2-5 中可以看出断点个数在进化的后期有了进一步的减少，因而断点个数对适应度函数值产生了直接的影响。

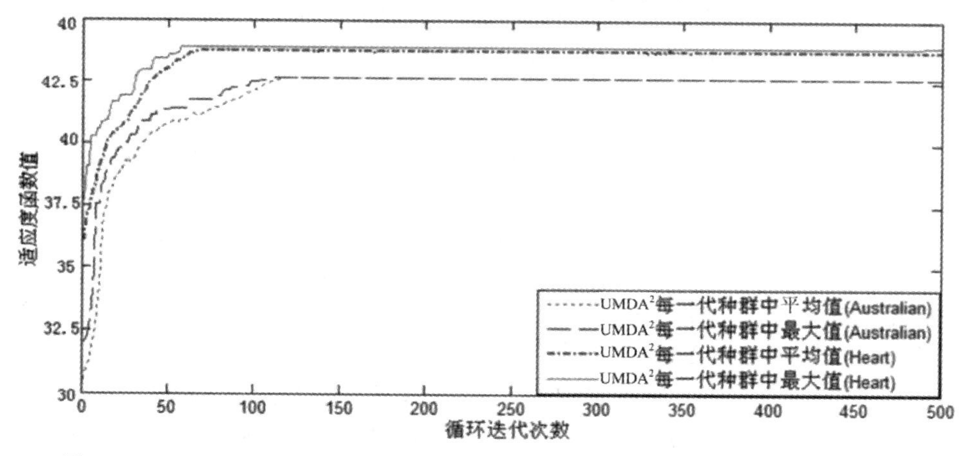

图 2-3　Australian 和 Heart 数据集以 SVM 为分类器使用 UMDA^2 的适应度函数值

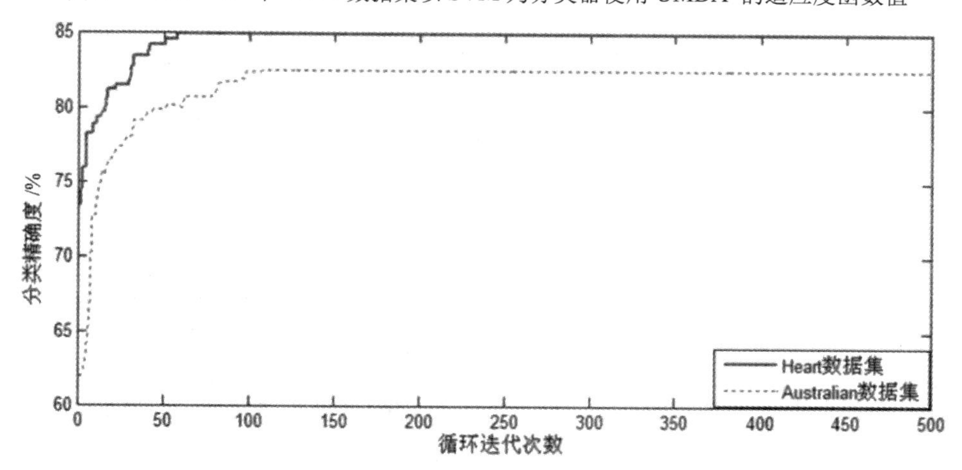

图 2-4　Australian 和 Heart 数据集以 SVM 为分类器使用 UMDA^2 最大适应度函数对应的分类精确度值

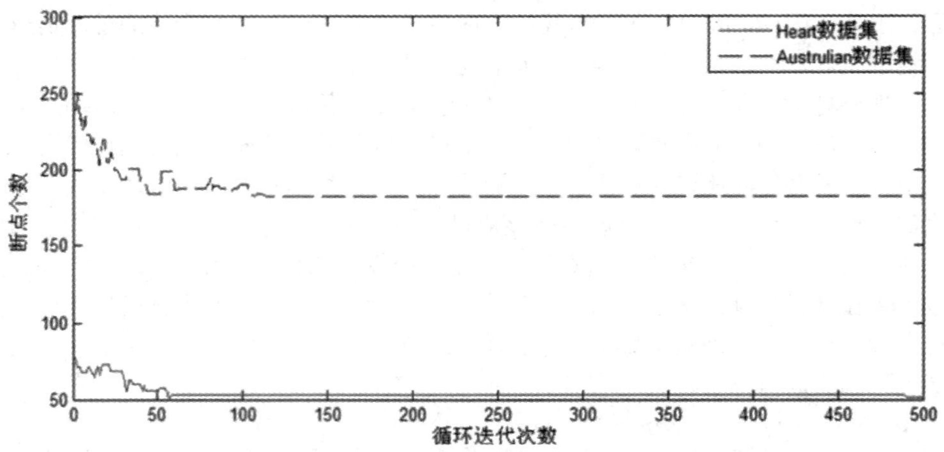

图 2-5　Australian 和 Heart 数据集以 SVM 为分类器使用 $UMDA^2$ 最大适应度函数对应的断点个数

为了进一步验证本章离散化算法的性能，我们以 DT 作为分类器，将上述两种离散化算法在 14 个数据集上进行测试，结果如表 2-10 所示。用 DT 作为分类器时 $UMDA^2$ 算法仅仅在一个数据集(Australian)上获得的断点个数多于 $MPSO^2$ 算法，而且只多使用 6 个断点，而分类精确度却提高了 4.9276%。此外在算法所获得的分类精确度方面，$UMDA^2$ 算法的性能要明显的好于 $MPSO^2$ 算法，在 Glass 以及 Liver 数据集上 $UMDA^2$ 算法获得的分类精度均有接近 10 个百分点的提升，而在 Wine 数据集上 $UMDA^2$ 算法仅用了比 $MPSO^2$ 算法近一半的断点个数的情况下将分类精度提升到了百分之百。因此，本章的离散化算法性能优于 $MPSO^2$ 算法，且与所使用的分类器无关。

表 2-10　用 DT 分类器离散化算法的结果

数据集	原始数据集(%)	$MPSO^2$		$UMDA^2$	
		断点个数	分类精确度(%)	断点个数	分类精确度(%)
Iris	96.0000	16	97.3333	**4**	**98.0000**
Blood	66.2667	33	78.6667	**4**	**79.2000**
Glass	59.2593	293	69.8413	**185**	**79.3651**
Liver	60.8571	62	69.4286	**43**	**78.5714**
Heart	77.9167	77	86.2500	**74**	**91.6667**
Australian	83.0435	**262**	76.9565	268	**81.8841**
Diabetes	71.5584	276	74.6753	**203**	**80.3896**

续表

数据集	原始数据集(%)	MPSO^2		UMDA^2	
		断点个数	分类精确度(%)	断点个数	分类精确度(%)
Credit	83.8983	**249**	89.3220	**249**	**91.6949**
Breast(Diagnostic)	90.5263	2191	95.0877	**1580**	**97.1930**
Ionosphere	89.3750	1126	95.9375	**1093**	**99.6875**
Wine	93.1250	266	93.1250	**137**	**100.0000**
Ecoli	78.4848	119	82.4242	**63**	**88.1818**
Abalone	41.7989	1151	46.2434	**1053**	**56.2963**
Yeast	42.5170	131	46.8707	**109**	**53.3333**

将 UMDA^2 算法与本领域常用的六种离散化方法(Equal-W[97]、Equal-F[97]、Chimerge[98]、Ex-Chi2[99]、CAIM[100]和 CACC[101])在 14 个数据集上进行了比较，表 2-11 和表 2-12 则分别给出了使用 SVM 和 DT 分类器时所得的结果。其中 Equal-W 和 Equal-F 采用 CAIM 中估计离散区间个数时用的启发式算法，Chimerge 的重要性水平设置为 0.95。如表 2-11 和表 2-12 所示，这几种算法在大部分数据集上都取得了较好的结果，然而正如我们所预期的那样 UMDA^2 算法在大多数数据集上的结果依旧是最好的，从表 2-11 中可以看出使用 SVM 为分类器在 14 个数据集中本章提出的离散化算法在其中的 10 个数据集都获得了高于其他算法的分类精确度。从表 2-12 中可以看出使用 DT 为分类器本章的离散化算法在 14 个数据集中有 12 个数据集的分类精确度都好于其他算法，除了 UMDA^2 离散化算法外 CACC 算法的分类精确度要明显的好于其他的几种离散化算法。这也就进一步地证明了本章所设计的离散化算法的有效性。

表 2-11　用 SVM 分类器各算法的分类精确度

数据集	Equal-W (%)	Equal-F (%)	Chimerge (%)	Ex-Chi2 (%)	CAIM (%)	CACC (%)	UMDA^2 (%)
Iris	91.45	90.81	90.77	94.62	95.34	93.57	**97.33**
Blood	52.26	55.19	62.25	66.57	65.26	72.34	**80.27**
Glass	66.14	67.08	68.57	70.82	70.63	70.94	**71.43**

续表

数据集	Equal-W (%)	Equal-F (%)	Chimerge (%)	Ex-Chi2 (%)	**CAIM (%)**	CACC (%)	UMDA2 (%)
Liver	63.03	56.19	67.36	69.47	69.12	69.78	**82.00**
Heart	70.33	72.68	76.51	78.40	76.39	78.66	**84.81**
Australian	71.49	70.56	68.55	72.93	70.42	75.68	**82.47**
Diabetes	70.11	72.84	76.15	**76.83**	74.61	77.04	74.68
Credit	68.44	74.25	80.21	80.08	81.75	**83.31**	82.71
Breast (Diagnostic)	71.39	70.88	73.06	72.37	**74.83**	73.16	74.18
Ionosphere	88.05	86.67	89.83	90.24	89.04	91.56	**100.00**
Wine	65.73	63.92	74.13	80.25	85.31	92.86	**100.00**
Ecoli	69.14	72.86	75.33	78.04	80.67	81.04	**91.52**
Abalone	40.77	42.36	42.67	43.81	47.12	**48.65**	48.15
Yeast	52.33	50.13	55.47	57.61	58.74	56.34	**63.20**

表 2-12　用 DT 分类器各算法的分类精确度

数据集	Equal-W (%)	Equal-F (%)	Chimerge (%)	Ex-Chi2 (%)	CAIM (%)	CACC (%)	$UMDA^2$ (%)
Iris	90.18	90.02	92.78	91.69	96.31	97.55	**98.00**
Blood	52.14	54.79	67.45	69.17	70.41	75.37	**79.20**
Glass	70.94	68.04	70.51	71.82	71.49	70.95	**79.37**
Liver	59.47	58.97	64.18	65.49	66.34	67.71	**78.57**
Heart	71.71	69.66	86.77	88.37	84.73	88.74	**91.67**
Australian	69.12	70.44	72.85	71.79	78.18	80.44	**81.88**
Diabetes	75.71	73.48	75.62	77.38	76.91	**81.74**	80.39
Credit	75.34	70.25	88.21	90.08	90.13	91.26	**91.69**
Breast (Diagnostic)	89.31	90.1	92.87	94.23	92.26	95.04	**97.19**

续表

数据集	Equal-W (%)	Equal-F (%)	Chimerge (%)	Ex-Chi2 (%)	CAIM (%)	CACC (%)	$UMDA^2$ (%)
Ionosphere	75.68	72.06	81.97	88.90	88.64	93.75	**99.69**
Wine	67.81	70.66	79.07	84.25	84.13	89.44	**100.00**
Ecoli	71.14	70.46	76.97	77.39	81.67	**81.42**	88.18
Abalone	40.24	43.87	47.91	51.07	48.72	49.77	**56.30**
Yeast	40.97	43.61	47.26	54.98	51.67	53.27	**53.33**

最后，在网站 www.research.att.com 上路透社新闻语料库选取 1000 篇刻板印象分析相关新闻进行实验，以验证 $UMDA^2$ 算法的性能。将数据集中的 70%新闻指定为训练样本，另外 30%新闻指定为测试样本，所有实验结果均为采用 5 倍交叉验证，结果如表 2-13 所示。从表中结果可以看出，利用不同分类器验证 $UMDA^2$ 在刻板印象挖掘相关数据集上均取得了不错的效果。因此，可以得出结论：$UMDA^2$ 算法可作为刻板印象挖掘研究中前期数据处理阶段算法使用。

表 2-13　文本实验分类精确度

算法	迭代次数		
	50	100	150
UMDA2+SVM	80.76	97.54	98.27
UMDA2+DT	81.56	93.78	94.61

综上所述，在大多数数据集中，将数据离散化后的精确度好于未离散化，即离散化不仅可以提高分类精确度还减少了断点个数，并且从两种分类器所得到的实验结果均可以得出相同的结果。因此，我们可以得出结论：$UMDA^2$ 适合于解决离散化问题，即相比于其他算法可以有效地寻找到更优的断点集合。

本 章 小 结

连续属性的离散化是刻板印象挖掘任务中数据预处理阶段的一项重要内容，连续属性值离散化可以提高数据挖掘算法的性能，扩展一些数据挖掘算法的使用范围，并且节省数据的存储空间。本章提出了一个基于 UMDA 的连续属性值离散化算法，该算法具有需调节参数少、易于实现等优点，且算法可独立于具体分类算法之处；此外通过使用断点个数和分类精确度相结合的方法设计了适应度函数，大幅降低了断点个数；最后，通过实验证明了 $UMDA^2$ 算法在解决离散化问题时的适用性，同时通过与本领域其他常用算法的比较证明了 $UMDA^2$ 算法的有效性，即不仅提高了分类精确度还减少了断点个数。

第 3 章　基于改进二进制粒子群优化算法的特征选择技术

刻板印象挖掘过程中网络文本向量空间非常大，关键在于文本相关特征的确认和检测特征的量化，在刻板印象挖掘中定义有效的检测特征是十分复杂的工作，因此需要采取某种特征选择方法约简庞大的向量空间。文本重要的特征之一就是稀疏程度较高，使分类算法非常低效，而且并不是所有词语对文本分类都有贡献，为了尽可能提高分类的速度和精度，应去除与类别无关或关联性不大的词语，进行特征选择，筛选出最有代表性的词条作为特征项，特征选择具有降低特征空间的维数，节约存储空间，提高分类器性能和泛化能力等众多优点，而且已被证明是一个 NP-难问题，而进化算法由于具有很强的适应性和并行性，已被广泛地应用于解决特征选择问题[102]。在众多算法中，二进制粒子群优化算法(Binary Particle Swarm Optimization，BPSO)以其易于实现、易于理解、需要调节参数较少，且具有较强的自组织性、自适应性和自学习性等特点[103]，受到越来越多的研究人员的关注。然而和其他 EAs 相似，在进化后期由于种群多样性的缺失，BPSO 算法也有着易于陷入局部最优点的不足，因此，本章受生物种群中广泛存在的等级现象的启发，提出了两种改进的 BPSO 算法：一种是多进化策略二进制粒子群优化算法(Multi-Evolutionary Strategies Binary Particle Swarm Optimization，MBPSO)；另一种是多进化策略变异二进制粒子群优化算法(Multi-Evolutionary Strategies Mutation Binary Particle Swarm Optimization，M2BPSO)。并将 M2BPSO 算法用于解决特征选择问题，通过实验以及与其他算法的比较，验证了 M2BPSO 算法的性能[104]。

3.1　特征选择模型

特征选择是从原始特征集中选择出一个符合某种评估标准的最优子集，该子集能够在最大程度上保留原始数据集所携带的信息。从上世纪 60 年代起，陆续有学者从统计学和信息处理的角度对特征选择进行了研究，然而在早期的研究中由于技术等条件的限制，特征维数并不是很高。近年来我们可以得到越来越多的数据，而属性个数过多则会引起维数灾难等问题，如果所有的特征都用做识别，将会增加可辨别空间的维数和问题的复杂性。除此之外，这些特征中经常包含有大量冗余、不相关和噪声数据，因此为了降低特征空间的维数并提高分类器性能，在进行数据挖掘前的数据预处理过程即特征选择变成了重要的研究课题之一。在特征选择过程中被选择的特征子集在降低数据维数的同时保留了原始数据的大多数信息，使数据更加的清晰且更容易理解，其大致过程如图 3-1 所示，主要步骤包括四个部分[105]：

(1) 产生特征子集；

(2) 设计评估函数计算特征子集的相关度；

(3) 设计程序终止条件；

(4) 验证特征子集的有效性。

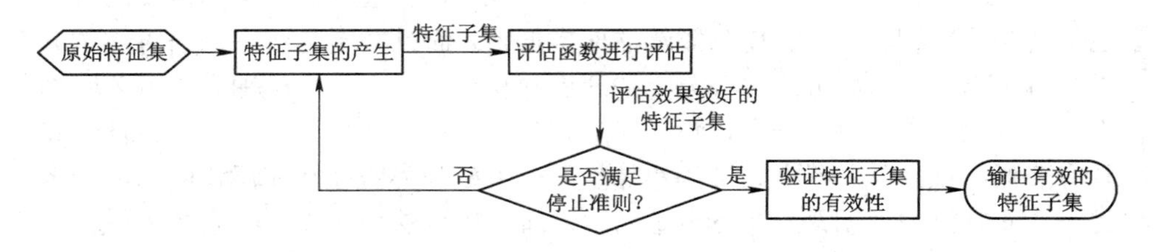

图 3-1　特征选择的过程示意图

特征选择算法按照产生特征子集的方式不同，可以分为三类：完全式算法、启发式算法和随机式算法[106]。完全式特征选择算法枚举所有可能的特征子集集合，当特征数为 N 时，特征选择的搜索空间就有 $2N$ 种可能组合，完全式搜索算法的时间复杂度为 $O(2N)$，因此从所有特征子集中选择最优子集就是一个NP-难问题[107]。启发式搜索算法[108]依照一定的规则添加或者删除特征，如果搜索从空集开始逐步地将满足条件的属性加入集合即为前向搜索算法(SFS)；如果搜索起点为全集，不断地去除冗余属性则为后向搜索算法(SBS)。随机搜索算法是依靠概率推理和采样的过程，从任意的起点开始，对属性的增加和减少也有一定的随机性，但是通过随机搜索算法可以获得近似最优解。

如果按照评估准则的不同，特征选择算法又可以划分为两类：过滤算法和封装算法[109]。过滤算法又叫做开环控制算法，其通过数据集的固有特性选择特征子集；封装算法又叫做闭环控制算法，其通过评估后续挖掘算法的性能选择特征子集。

过滤算法计算效率较高、评价标准不依赖于具体的数据挖掘学习算法，而仅仅依靠数据本身的统计信息区分特征性能。过滤算法的主要评定标准有[110]：相关性、距离测度、粗糙集、信息增益和相容性等，其流程如图 3-2 所示。

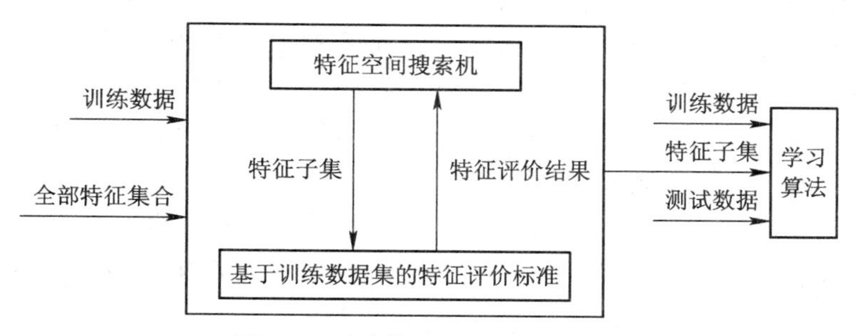

图 3-2　过滤特征选择算法流程图

而封装算法则是以数据挖掘算法的性能为指标，以提升算法性能(比如分类精确度)为目的，因此封装算法可以提高挖掘算法的泛化性能和简化学习模型，所以相比于过滤算法，封装算法有更强的预测能力[111]，封装算法的流程如图 3-3 所示。

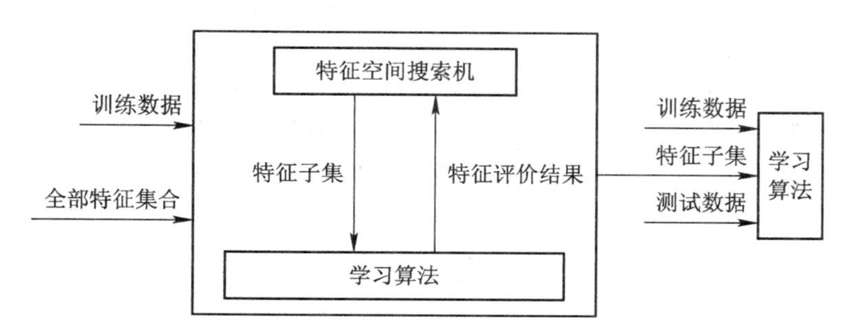

图 3-3　封装特征选择算法流程图

3.2　粒子群优化算法

设想这样一个场景：一群鸟在一个区域中随机地飞行来搜索食物，而在这个区域中只有一块食物，鸟群中没有鸟知道食物的确切位置，但是它们都知道自己当前的位置离食物还有多远，那么如何找到食物呢？最有效而简单的方法就是搜寻自己能找到的距离食物最近的鸟，鸟群觅食的过程类似于函数寻优的过程。粒子群优化(Particle Swarm Optimization，PSO)算法就是受鸟群的群居觅食行为启发而设计出来的一种智能优化算法，主要用于解决复杂优化问题[112]。

PSO 算法初始于一群随机解(即粒子)，然后通过迭代搜寻最优解。每一个粒子就代表了问题的一个潜在解，每个粒子由速度决定飞行方向和距离。在每一步的迭代中粒子通过追踪两个最优值不断更新自己：一个是每个粒子 i 到目前为止的最优值叫做局部最优(pbest)；另一个是到目前为止所有粒子的最优值即全局最优(gbest)。每一个粒子通过迭代更新它的速度和位置向局部和全局最优解靠拢。在 m 维空间中随机均匀分布 n 个粒子，每一个粒子被认为是一个点，第 i 个粒子的位置描述为 $X_i=(x_{i_1}, x_{i_2}, \cdots, x_{i_m})$，局部最优 pbest 描述为 $P_i=(p_{i_1}, p_{i_2}, \cdots, p_{i_m})$，全局最优 gbest 描述为 $P_g=(p_{g_1}, p_{g_2}, \cdots, p_{g_m})$，粒子的速度描述为 $V_i=(v_{i_1}, v_{i_2}, \cdots, v_{i_m})$。粒子在第 t 代依照以下的式子进行更新：

$$v_{id}(t) = w^* v_{id}(t-1) + c_1{}^*\mathrm{rand}_1{}^*(p_{id} - x_{id}(t-1)) + c_2{}^*\mathrm{rand}_2{}^*(p_{g_d} - x_{id}(t-1)) \quad (3\text{-}1)$$

$$x_{id}(t) = x_{id}(t-1) + v_{id}(t) \quad (3\text{-}2)$$

其中 $i=1, 2, \cdots, n$(n 为种群中粒子个数)；$d=1, 2, \cdots, m$(m 为维数)；w 为惯性权重，在平衡全局、局部搜索以及加快收敛速度起着重要的作用；c_1 和 c_2 为加速常量控制每一个粒子分别向 pbest 和 gbest 方向移动的最大步长，当 c_1 和 c_2 取值较大时会使粒子飞跃超过目标位置，当它们取值较小时又会使粒子在离目标位置较远的地方移动；rand_1 和 rand_2 是[0，1]之间的一个随机数。从式(3-1)和式(3-2)可以看出，粒子的速度是一个随机变量，并且沿着不规则区域更新，因此粒子在每一维的速度被限制在$[-V_{max}, V_{max}]$以内，当 V_{max} 取值较大时有利于增强算法的全局搜索能力，V_{max} 取值较小时有利于增强局部搜索能力，但是一方面当 V_{max} 取值太大时，粒子将会飞过历史最优解，另一方面，如果 V_{max} 取值太小，则粒子移动的步伐太小会导致粒子陷入局部最优。式(3-1)由三部分组成：第一部分是惯性部分，代表粒子有保持原速度的趋势；第二部分是认知部分，代表粒子向自身历史最优值移动，表示在认知事物过程中人们总是习惯于用过去的经验进行解释；第三部分是社会部分，反映了粒子之间的相互关联，即人们在认知事物时总是会通过学习和分享别人的经验。

标准粒子群算法的提出是为了解决连续优化问题，粒子每一维的取值均为实数，然而现实生活中存在很多的离散问题，不能用 PSO 算法直接求解，因此在 1997 年 Kennedy 和 Eberhart 将 PSO 算法扩展到了离散空间提出了 BPSO 算法[113]。在 BPSO 中，粒子在每一维状态空间移动步数被严格限制为 0 或者 1，并且用速度的函数表示对应位置取值为 1 的概率。在 PSO 中有 2 个更新函数：速度和位置[114]，当前速度决定了位置的更新，而在 BPSO 中使用符号函数 $S(v_{ij})$ 实现速度从实数空间向概率空间的转变[115]，同时位置更新函数被定义如下：

$$x_{ij} = \begin{cases} 1 & \mathrm{rand}_3 < S(v_{ij}) \\ 0 & \text{其它} \end{cases} \quad (3\text{-}3)$$

$$S_{id}(t)=\frac{1}{1+\exp(-v_{id}(t))} \tag{3-4}$$

其中，$rand_3$ 是均匀分布在[0.0，1.0]之间产生的随机数。

图 3-4 给出了两种算法的流程图，具体步骤如下所示：

步骤 1：在解空间中随机产生初始种群，局部最优为每个粒子的当前值，全局最优为整个种群中的最好值；

步骤 2：根据预先设定的适应度函数计算每一个粒子的适应度函数值，同时更新局部最优和全局最优值；

步骤 3：标准的 PSO 算法根据式(3-1)、式(3-2)更新粒子的速度和位置，BPSO 算法根据式(3-1)、式(3-3)更新飞行速度和位置；

步骤 4：检验算法是否满足结束条件，如果满足则停止迭代，否则转入到步骤 2。

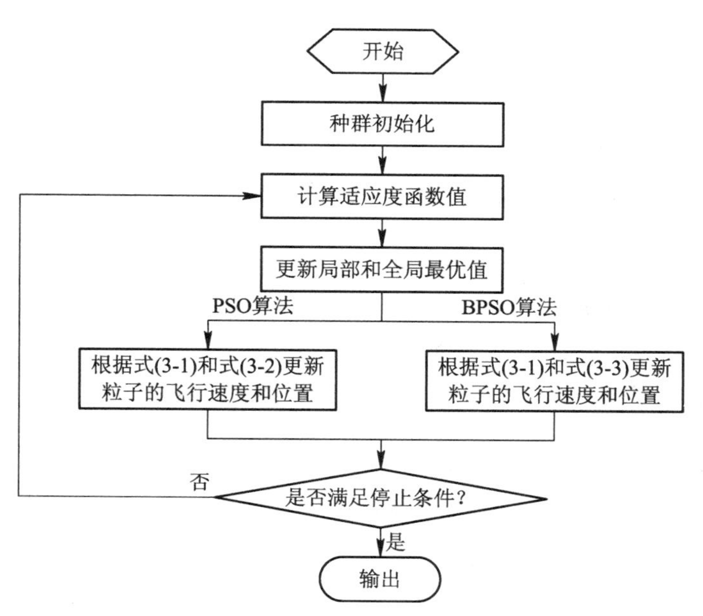

图 3-4 PSO 和 BPSO 算法流程图

3.3 多进化策略二进制粒子群优化算法(MBPSO)和多进化策略变异二进制粒子群优化算法(M2BPSO)

众多的研究结果表明，PSO 算法是一种潜力很强的群智能优化算法，然而

PSO 算法也面临着收敛慢、效率低、早熟和全局收敛性能差等问题，因此国内外众多学者对其进行了改进。文献[116]提出了时变多目标粒子群优化算法(TV-MOPSO)，该算法随着迭代自动地改变重要参数(如惯性权重和加速系数)，通过自适应能力帮助算法更有效地在空间中进行搜索。文献[117]从生态种群进化的角度提出了生态 PSO 算法(EPSO)，该算法首先提出了生态种群竞争模型，然后在此基础之上提出了 EPSO 算法。文献[118]提出了 GPSO 算法，该算法通过引入遗传算法中的交叉和变异算子重新定义和改进了 PSO 算法。文献[119]提出了动态多种群多目标 PSO 算法，该算法在整个搜索过程中通过动态群策略自适应地调整种群的数量，该算法的另一个新颖设计为 PSO 的更新机制，该机制更好地处理了种群内和种群间的交流。文献[120]提出了一个自适应可变种群大小和周期性局部增加或者以阶梯函数的形式降低个体数目的 PSO 算法，该算法依照当前种群多样性的价值自动地调整种群大小。文献[121]提出了 PSO-EO 混合算法，将极值优化(EO)引入到 PSO 中，完美地结合了 PSO 的探索能力和 EO 的开发能力，有效地解决了早熟收敛问题。文献[122]提出了双层 PSO 算法(TLPSO)，增强粒子的多样性避免了其陷入局部最优点。文献[123]提出了单目标 PSO 算法的变体即动态近邻学习 PSO 算法(DNLPSO)，使用所有其他粒子历史最优信息来更新粒子速度，并且从近邻中选择典范粒子，这个策略使学习粒子向近邻历史信息或者本身学习，此外，近邻在本质上是动态的，这样可以帮助保留种群的多样性，防止早熟收敛。文献[124]将新的局部搜索技术和现存的基于 PSO 的多峰优化算法相结合，以增强算法的局部搜索能力。文献[125]提出了基于范例学习的 PSO 算法(ELPSO)，克服了标准 PSO 算法的缺点，并取得种群多样性和收敛速度之间的平衡。文献[126]提出了中值导向的 PSO 算法，将粒子的中值位置、群体中最坏的及中间的适应度值并入到标准 PSO 算法中，在整个搜索空间中执行全局搜索，加快了收敛速度，并避免了种群陷入局部最优。在各种改进的 PSO 以及 BPSO 算法中，多以改进粒子的更新过程和参数调节为主，以保持种群的多样性、避免算法陷入局部最优和加快算法的收敛速度为目标。

3.3.1　MBPSO 算法描述

在标准的 BPSO 算法中每一个粒子均受到了平等的对待，即每一个粒子的更新函数是相同的，也就是说该算法认为种群中的个体之间是不存在任何差异的，然而现实情况却并非如此。科学家们通过研究发现在大多数生物种群中，等级现象广泛存在，种群中通常情况下都会有一个个体充当领导者的角色，例如猴群中的猴王、狮群中的狮王以及蚁群中的蚁后等。这些充当领导者的个体与其他个体之间存在有较大的差异，享有很多特权。例如，猴群中只有猴王才能将尾巴竖起，在蚁群中蚁后享有食物和交配的特权等。所以，受生物种群中等级现象的启发，本章提出了 MBPSO 算法，该算法在迭代过程中依照每一个粒子不同的表现采用不同的进化策略(即奖罚机制)生成下一代粒子，以此来模拟生物种群中普遍存在的等级现象。

除此之外，在标准的 BPSO 中，粒子群体趋向于向历史最优的粒子靠拢，然而历史最优粒子亦可能存在局部缺陷，即该粒子中的 x_{ij} 并不一定就是最优的。表 3-1 中给出了求解最大值问题的示例：

表 3-1　求解最大值问题示例

粒　子	位　置	适应度函数值
a	10110	3
b	10001	2

当 a 和 b 竞争，粒子 a 的适应度函数值大于粒子 b 的值，因此粒子 a 在竞争中胜出。这时根据规定 b 要向 a 靠拢，但是，粒子 a 最后一位为 0，而 b 最后一位为 1，所以最后一位就会发生决策错误。

本章提出的 MBPSO 算法对不同粒子以及其中不同的位依照其性能采取不同的进化策略。首先，将 m 个粒子的速度向量转化成初始概率向量；其次，依照概率向量产生 m 个粒子，然后通过竞争找到群体中最好的一个标记为胜利者；最后，依照如下规则对种群进行更新(更新的原则是使竞争获胜的个体在下一代出现的概率更大)：

(1) 对于获胜的粒子分别依照式(3-1)和式(3-3)更新速度和位置。

(2) 对于失败者，当 $\text{winner}_{id}(t) \neq \text{loser}_{id}(t)$ 时，概率向量依照以下规则更新：

$$\begin{cases} \text{prob}_{id}^{\text{loser}}(t+1) = \text{prob}_{id}^{\text{loser}}(t) + \dfrac{1}{Hf}, & \text{winner}_{id}(t) = 1 \\ \text{prob}_{id}^{\text{loser}}(t+1) = \text{prob}_{id}^{\text{loser}}(t) - \dfrac{1}{Hf}, & \text{winner}_{id}(t) = 0 \end{cases} \tag{3-5}$$

其中 Hf 称为等级系数，取值为整数。

$$v_{id}^{\text{loser}}(t+1) = S^{-1}(\text{prob}_{id}^{\text{loser}}(t+1)) \tag{3-6}$$

$$x_{id}^{\text{loser}}(t+1) = \text{sample}(\text{prob}_{id}^{\text{loser}}(t+1)) \tag{3-7}$$

以先前的最大值(见表 3-1)为例，粒子 b 的概率向量在第三位和第四位将会增加 $\dfrac{1}{Hf}$，在第五位降低 $\dfrac{1}{Hf}$，而第一位和第二位保持不变。

下面给出 MBPSO 算法的主要步骤。

算法 3.1 MBPSO 算法

步骤 1 随机产生初始速度向量 v_{id}，$i=1, \cdots, n; d=1, \cdots, m$;

步骤 2 计算初始概率向量

$$\text{prob}_{id}=S(v_{id}),\ i=1,\ \cdots,\ n;\ d=1,\ \cdots,\ m\ ;$$

步骤 3 采样概率向量产生 n 个粒子，

$$x_{id}=\text{sample}(\text{prob}_{id}),\ i=1,\ \cdots,\ n;\ d=1,\ \cdots,\ m\ ;$$

步骤 4 粒子之间竞争计算适应度函数值

$$\text{winner, losers} = \text{compete}(x_1,\ x_2,\ \cdots,\ x_m);$$

步骤 5 更新局部和全局最优粒子；

步骤 6 分别依照式(3-1)、式(3-3)和式(3-4)更新获胜者的速度、位置向量和概率；

步骤 7 按照式(3-5)、式(3-6)和式(3-7)更新失败者的概率、速度和位置使它向胜者方向移动；

步骤 8 判断是否满足停止条件，满足则停止，否则返回步骤 4。

3.3.2 M2BPSO 算法描述

进化后期种群多样性的缺失是粒子群算法易于陷入局部最优的主要原因之一，因此，我们在 MBPSO 算法的基础上提出了 M2BPSO 算法，该算法使用变异算子来克服早熟收敛和优化后期收敛速度慢等问题，以此提高算法的全局搜索能力，即 M2BPSO 算法当全局最优解随着代数的增长保持不变时，随机选择一个粒子并且执行如下变异操作：

```
for(i=1; i<m; i=i+1)
{ if(rand()<pm)   then
          if   xij==0   then   xij=1
   else   xij=0}
```

其中 pm 是变异概率。当某一位执行变异算子时该位由原来的 0 变为 1，或者由原来的 1 变为 0。M2BPSO 算法的主要步骤如下所示。

算法 3.2 M2BPSO 算法

步骤 1 设置 $l=1$；

步骤 2 随机产生初始速度向量；

步骤 3 计算初始概率向量 prob_i，$i=1, \cdots, s$;

步骤 4 根据概率向量产生粒子；

步骤 5 判断是否满足停止条件，满足则停止，否则继续；

步骤 6 计算适应度函数 winner，losers = compete(x_1，x_2，…，x_n)；
步骤 7 根据式(3-1)更新获胜粒子速度；
步骤 8 根据式(3-5)更新失败粒子概率向量；
步骤 9 根据式(3-6)更新失败粒子速度向量；
步骤 10 采样概率向量产生新一代种群；
步骤 11 判断是否执行变异操作，当 $\Delta p_g \leqslant 0$ 时执行变异操作，否则返回步骤 5。

3.4　基于改进 BPSO 算法的特征选择方法

本章所设计算法用于解决特征选择问题首先要确定粒子的编码方式；其次要设计适应度函数。

3.4.1　个体编码

使用 M2BPSO 算法解决特征选择问题时，粒子编码是一项重要的任务，本章的每一个粒子可用如下方式编码：

$$a_1，a_2，a_3，\cdots，a_m$$

其中，m 表示属性的个数，即粒子的维数为 m；$a_i \in \{0，1\}$，如果 a_i 取值为 1，则其对应的属性被选中，如果 a_i 取值为 0 则其对应的属性没有被选中。图 3-5 举例说明了粒子编码方式，所有的条件属性集为 $C = \{a_1，a_2，\cdots，a_{10}\}$，如图所示粒子从条件属性集 C 中选择的子集为 $C_s = \{a_1，a_4，a_5，a_6，a_7，a_{10}\}$。

a_1	a_2	a_3	a_4	a_5	a_6	a_7	a_8	a_9	a_{10}
1	0	0	1	1	1	1	0	0	1

图 3-5　个体编码示例

3.4.2　适应度函数(FF)设计

M2BPSO 算法用于特征选择的另一个重要问题是适应度函数的设计，在 M2BPSO 算法中适应度函数决定了种群的进化方向。特征选择的目标是选择尽量少的属性子集，但该被选子集又必须包含有尽可能多的原始数据所携带的信息，因此我们将这两点整合到一个方程中描述如下：

$$FF = r^*f_1+(1-r)^*f_2 \tag{3-8}$$

$$f_1 = (\frac{H}{AN})^*100\% \tag{3-9}$$

$$f_2 = \frac{m-s}{m} * 100\% \tag{3-10}$$

其中 f_1 表示分类精确度，H 是分类正确样本的数量，AN 是样本的总数，m 为条件属性个数，s 为通过特征选择算法选择的条件属性个数，因此条件属性选择的越多 f_2 就越小；$r \in [0, 1]$是分类精确度和选择条件属性数量的权重系数，r 越大精确度所占的比重就越大，r 越小属性数量所占的比重就越大。

3.4.3　算法描述

M2BPSO 算法按照每一个粒子性能的不同采用不同的进化策略，同时还保留了优势个体的信息，该算法解决特征选择问题流程如图 3-6 所示。

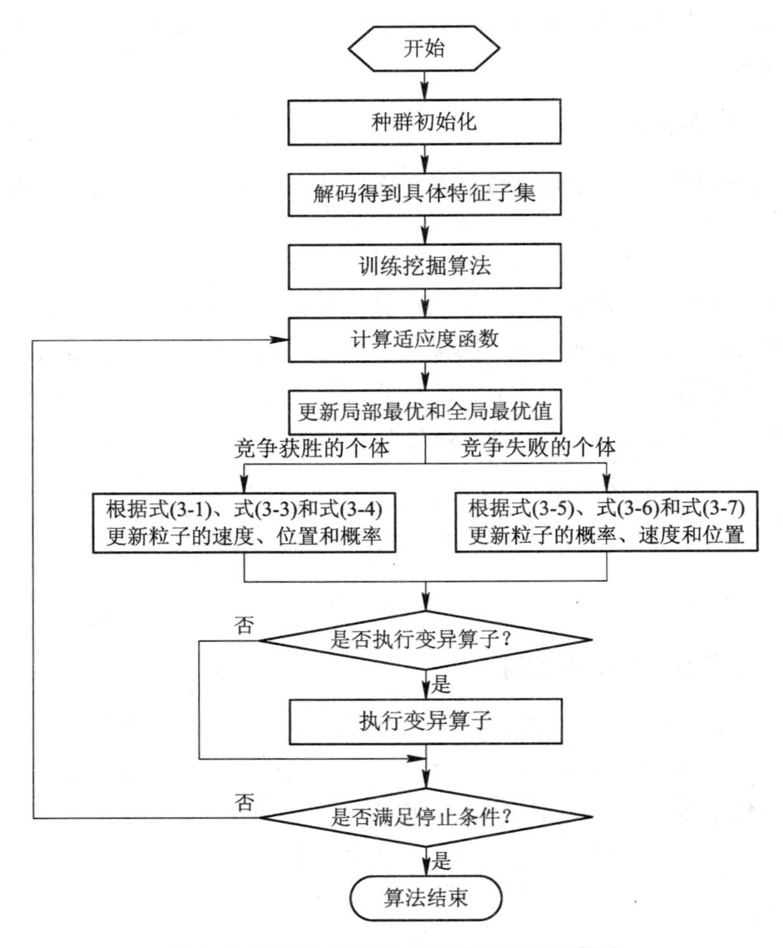

图 3-6　基于 M2BPSO 算法的特征选择算法

下面给出 M2BPSO 算法用于解决特征选择问题时的主要步骤。

算法 3.3　基于 M2BPSO 算法的特征选择方法

步骤 1 设置种群大小为 n，最大循环代数为 T；

步骤 2 随机初始化速度 $v_{id}(t)$ ($i=1, 2, \cdots, n$; $d=1, 2, \cdots, m$; $t=1, 2, \cdots, T$)，m 是条件属性个数；

步骤 3 用式(3-4)计算初始概率 $\text{prob}_{id}(t)=S_{id}(t)$；

步骤 4 通过采样初始概率产生初始粒子；

步骤 5 $t=t+1$，如果 $t>T$ 程序停止，否则

(1) 根据粒子的编码选择特征子集，

(2) 利用所选的特征子集对数据挖掘算法进行训练，

(3) 根据式(3-8)计算适应度函数值；

步骤 6 通过式(3-1)、式(3-3)和式(3-4)更新获胜个体的速度、位置和概率；

步骤 7 通过式(3-5)、式(3-6)和式(3-7)更新失败个体的概率、速度和位置；

步骤 8 如果 $\Delta p_g=0$，执行变异算子，否则返回步骤 5。

3.5 实验结果

为了测试 M2BPSO 算法的性能，我们首先用七个基准函数对其进行测试，然后再将其用于解决特征选择问题，在所有实验的表格中都对最好结果进行了加粗表示。

3.5.1 改进 BPSO 算法有效性测试

1. 基准函数的选择

为了验证 MBPSO 算法和 M2BPSO 算法的性能，我们选择了七个常用的基准函数(其特征见表 3-2)对其进行测试，并且将结果与标准 BPSO 算法以及已有的改进算法 MPSO[127]算法进行了比较。根据经验，在使用 BPSO 算法时，种群的数量一般取 20 到 60 之间的整数[128]。因此，在本章实验中，BPSO、MPSO、MBPSO 和 M2BPSO 算法的种群数量都设置为 30。

$$f_1(x)=\sum_{i=1}^{n}x_i^2$$

$$f_2(x)=\sum_{i=1}^{n} i\cdot x_i^4$$

$$f_3(x)=0.5+\frac{\sin^2\sqrt{x^2+y^2}-0.5}{(1.0+0.001(x^2+y^2))^2}$$

$$f_4(x)=\frac{1}{4000}\sum_{i=1}^{n}(x_i-1)^2-\prod_{i=1}^{n}\cos\left(\frac{x_i-1}{\sqrt{i}}\right)+1$$

$$f_5(x)=-20\exp\left(-0.2\sqrt{\frac{1}{n}\sum_{i=1}^{n}x_i^2}\right)-\exp\left(\frac{1}{n}\sum_{i=1}^{n}\cos(2\pi x_i)\right)+20+e$$

$$f_6(x)=\sum_{i=1}^{n}\left[100(x_{i+1}-x_i^2)^2+(x_i-1)^2\right]$$

$$f_7(x)=\sum_{i=1}^{n}(x_i^2-10\cos(2\pi x_i)+10)$$

表 3-2 基准函数的特征

函　数	函数名称	全局最优
f_1	Spherical	0
f_2	Quartic	0
f_3	Schaffer's F6	0
f_4	Griewank	0
f_5	Ackley	0
f_6	Rosenbrock	0
f_7	Rastrigin	0

2. 参数选择

首先，我们通过仿真实验测试了等级系数对算法性能的影响。等级系数在算法中起着重要的作用，如果值取得较小，算法会很快收敛而没有足够的机会在空间中进行探索，如果取值过大则会导致粒子在搜索空间中随机游动。表

3-3 给出了等级系数分别取 20、60、100 和 200 时，M2BPSO 算法在七个基准函数上的测试结果，实验中函数维数除了 f_3 为 2 维，其余都选取为 30 维。从表中我们可以得出这样的结论：当等级系数为 100 时 M2BPSO 算法可以在大多数函数上取得最好的结果。

表 3-3　等级系数对 M2BPSO 算法的影响

函数	维数	二进制编码维数	均值(方差)			
			20	60	100	200
f_1	30	300	0 (0)	0 (0)	0 (0)	0 (0)
f_2	30	300	0 (0)	0 (0)	0 (0)	0 (0)
f_3	2	20	0 (0)	0 (0)	0 (0)	0 (0)
f_4	30	300	0.2310 (0.0288)	0.1383 (0.0204)	**0.1075** (0.0264)	0.1270 (**0.0173**)
f_5	30	300	0.0036 (0.0029)	0.0024 (0.0022)	**0.0001** (**0**)	0.0035 (0.0019)
f_6	30	300	28.5907 (0.2375)	28.7957 (**0.1208**)	**28.3020** (0.1356)	29.2565 (0.1701)
f_7	30	300	0.0017 (0.0009)	0.0009 (0.0017)	**0** (**0**)	0.0004 (0.0007)

此外，变异概率 pm 对算法的性能也有着一定程度的影响，如果变异概率过小，就不易产生新的个体，然而如果取值过大的话则会使粒子在搜索空间内随机游走。表 3-4 中给出了 M2BPSO 算法取不同变异概率值(0.01、0.02、0.1 和 0.2)时所得结果。从表中可以看出当 pm 取值为 0.01 时，算法可以获得最好的结果。此外，图 3-7 给出了七个函数在迭代过程中，不同的变异概率对结果(均值)的影响，其中下角标为 1 表示对应函数的局部放大图。从图中我们可以看出当变异概率取值较小时，M2BPSO 算法有较高的搜索精确度，即较小的变异概率可增强算法的全局搜索能力。

表 3-4 变异概率对 M2BPSO 算法的影响

函数	维数	二进制编码维数	均值(方差)			
			0.01	0.02	0.1	0.2
f_1	30	300	**0** **(0)**	0.0022 (0.0011)	0.2538 (0.1952)	1.0581 (0.2886)
f_2	30	300	0 (0)	0 (0)	1.2667 (0.5000)	1.8985 (0.5529)
f_3	2	20	0 (0)	0 (0)	0 (0)	0 (0)
f_4	30	300	**0.1075** (0.0264)	0.2129 (0.0226)	0.3574 (**0.0161**)	0.3683 (0.0290)
f_5	30	300	**0.0001** **(0)**	0.0357 (0.0132)	1.7742 (0.1979)	3.4960 (0.2121)
f_6	30	300	**28.3020** (0.1356)	28.9488 (**0.1240**)	33.1844 (6.8412)	39.9517 (9.5863)
f_7	30	300	**0** **(0)**	0.2024 (0.1075)	2.0580 (0.3221)	5.5699 (0.3843)

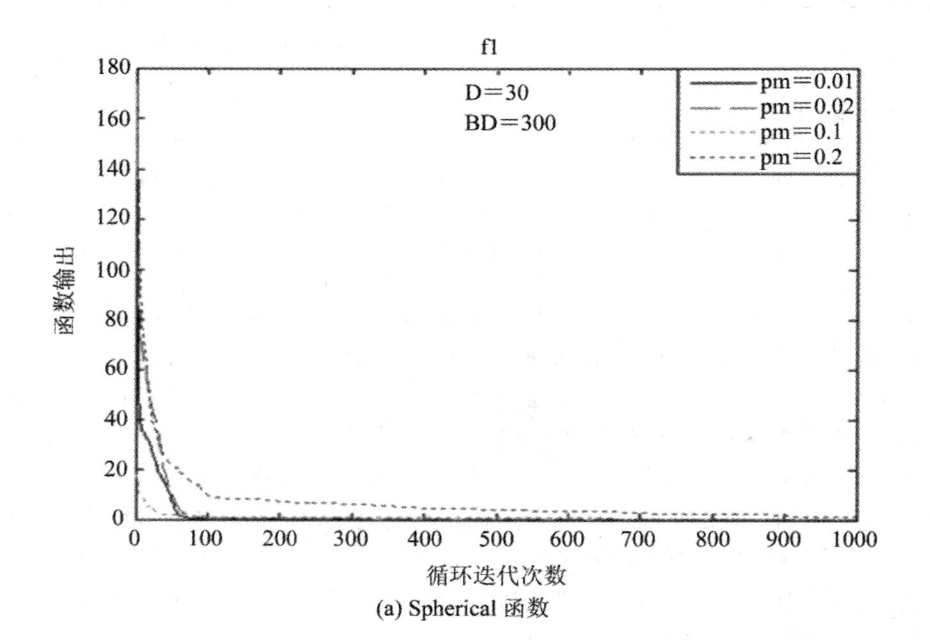

(a) Spherical 函数

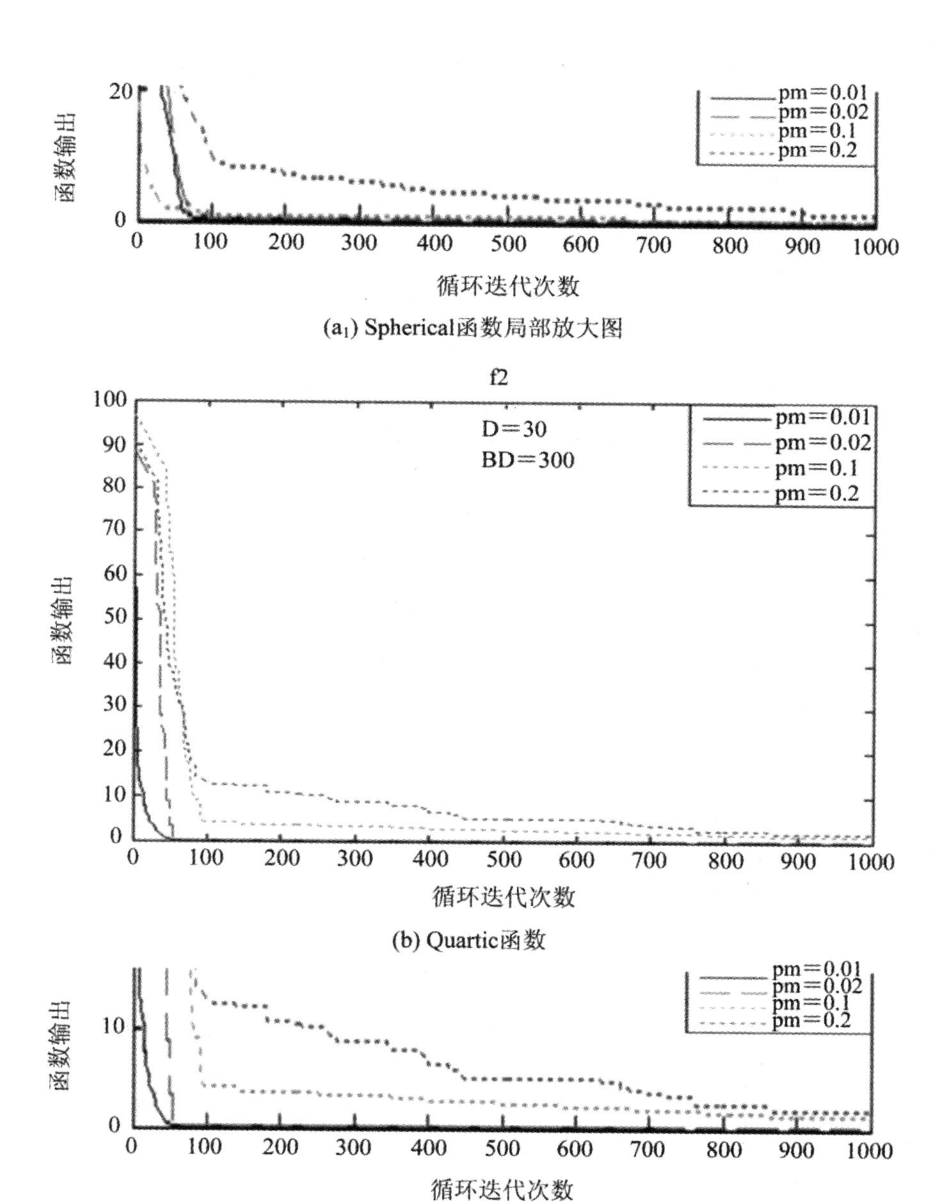

(a₁) Spherical函数局部放大图

(b) Quartic函数

(b_1) Quartic函数局部放大图

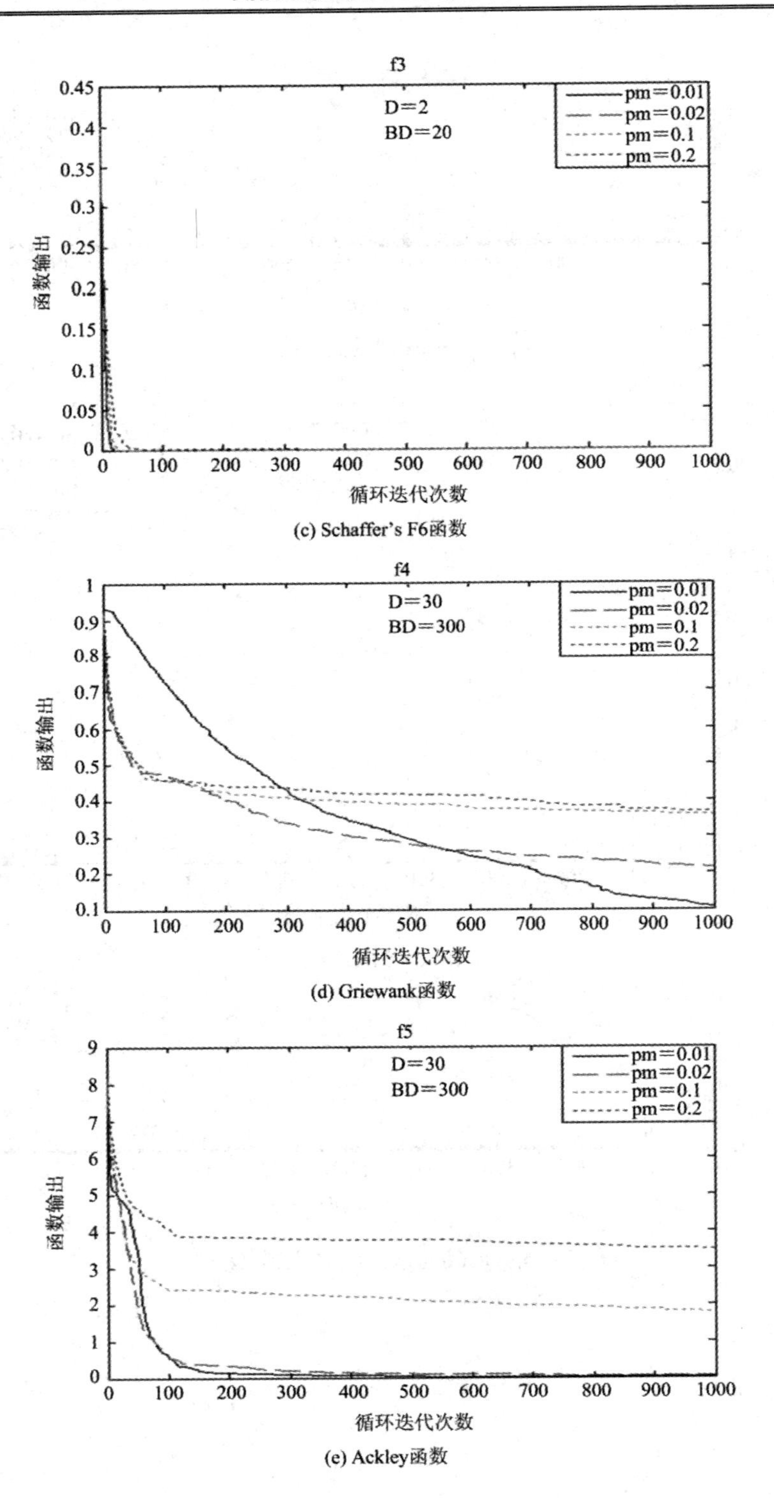

(c) Schaffer's F6函数

(d) Griewank函数

(e) Ackley函数

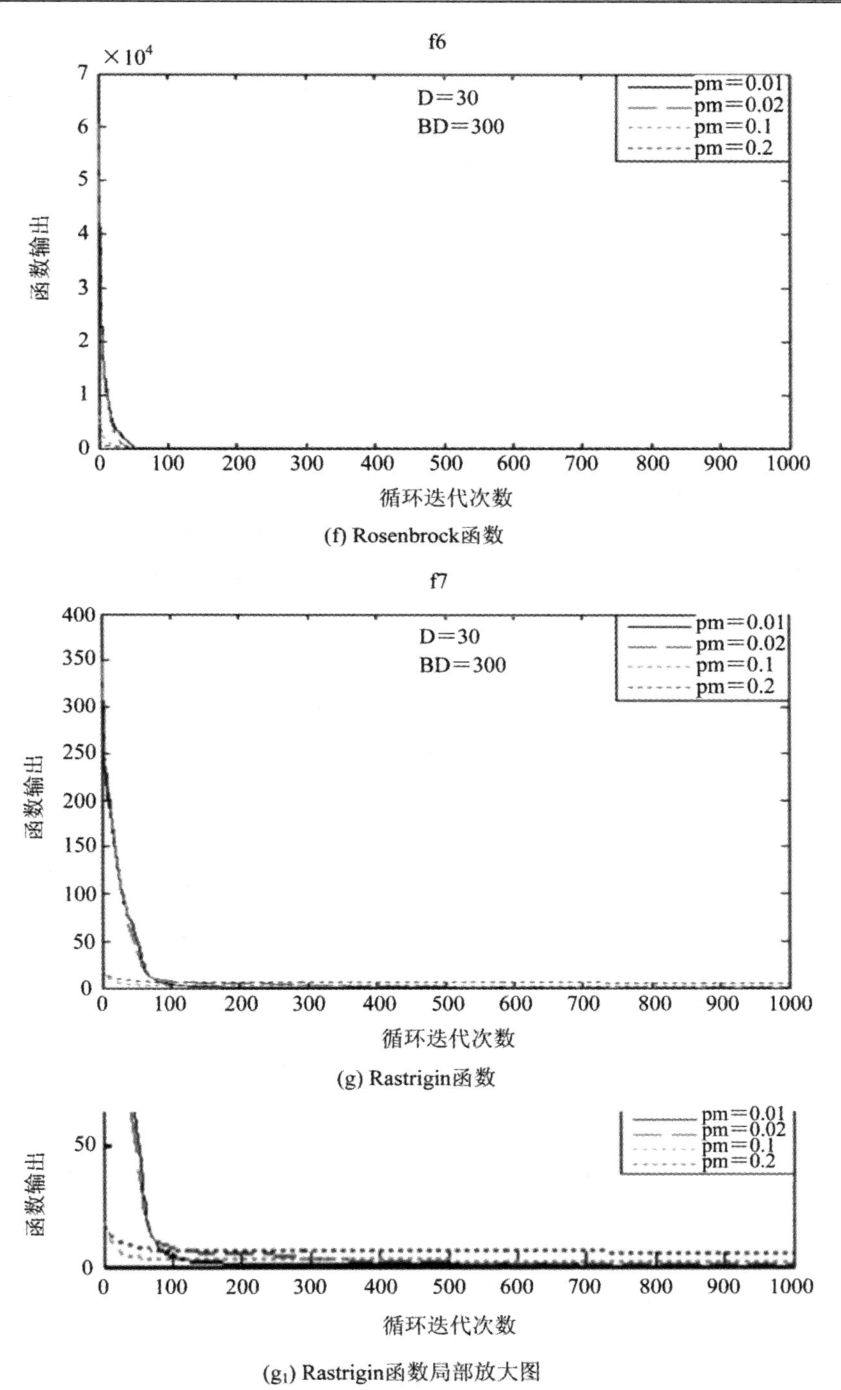

(f) Rosenbrock函数

(g) Rastrigin函数

(g_1) Rastrigin函数局部放大图

图 3-7　变异概率对 M2BPSO 算法的影响

3. 实验结果及分析

为了验证本章算法的性能，我们将其与 MPSO 算法进行了比较，MPSO 的参数设置同参考文献[97]，在实验中除了基准函数 f_3 为 2 维，其余的基准函数分别在 10、20 和 30 维空间分别进行了测试，每个测试独立运行 30 次。本章所设计算法工作于离散空间，因此我们用 10 位编码一个实数。实验中等级系数设置为 100，变异概率设置为 0.01。表 3-5 给出了四种算法的 30 次实验的均值和方差(均值反映数据的集中趋势，方差则度量各数据与均值的偏离程度，方差越大说明数据的波动性越大，越不稳定)。从表中可以看出函数 f_3 和 f_4 用四种算法都能得到很好的结果，但是我们提出的两种算法的效果更好。相比于其他算法，我们提出的两种算法的实验结果在函数 f_1、f_2、f_5、f_6 和 f_7 中有了大幅地提高。因此，从表 3-5 中我们可以得出结论，相比于 BPSO 算法和 MPSO 算法，本章设计的 MBPSO、M2BPSO 算法性能更好。

此外，本章提出的两种改进 BPSO 算法的粒子速度和位置的更新计算式都是从标准 BPSO 算法中推导而来，增加的概率向量也是由标准 BPSO 算法中的符号函数演变而来，变异操作引入是为了产生更加优异的新状态，因而没有对其本质框架产生影响，即并未影响算法的收敛性，而且从表 3-5 和图 3-8 到图 3-14 中可以看出算法在多个函数的测试中都能收敛，实验结果进一步证明了算法的收敛性。

表 3-5　三十次实验的均值和方差

基准函数	函数维数	二进制编码维数	均值/(方差)			
			BPSO	MPSO	MBPSO	M2BPSO
f_1	10	100	0.1018 (0.1117)	0.0734 (0.0281)	**0** **(0)**	**0** **(0)**
	20	200	2.2814 (1.7406)	2.2790 (0.5805)	**0** **(0)**	**0** **(0)**
	30	300	4.9106 (2.0254)	3.8222 (0.3009)	**0** **(0)**	**0** **(0)**
f_2	10	100	0.0028 (0.0058)	0.0006 (0.0008)	**0** **(0)**	**0** **(0)**
	20	200	0.4973 (0.5122)	0.1833 (0.1323)	**0** **(0)**	**0** **(0)**
	30	300	1.7102 (1.0433)	1.5102 (0.6010)	**0** **(0)**	**0** **(0)**

续表

基准函数	函数维数	二进制编码维数	均值/(方差)			
			BPSO	MPSO	MBPSO	M2BPSO
f_3	2	20	0.1603 (0.0866)	0.0338 (0.0123)	**0** **(0)**	**0** **(0)**
f_4	10	100	0.0377 (0.0243)	0.0382 (0.0178)	0.0243 (0.0102)	**0.0107** **(0.0050)**
	20	200	0.0806 (0.0349)	0.1202 (0.0284)	0.0817 (0.0191)	**0.0542** **(0.0120)**
	30	300	0.1480 (0.0235)	0.2255 (0.0396)	0.1094 **(0.0178)**	**0.1075** (0.0264)
f_5	10	100	1.6480 (0.6080)	1.7614 (0.5331)	**0.0001** **(0)**	**0.0001** **(0)**
	20	200	2.8810 (0.3219)	2.3140 (0.4133)	**0.0001** **(0)**	**0.0001** **(0)**
	30	300	3.6418 (0.2900)	2.6205 (0.3257)	0.0009 (0.0013)	**0.0001** **(0)**
f_6	10	100	79.5583 (8.9462)	29.4414 (16.9621)	7.9202 **(0.1912)**	**7.8375** (0.2163)
	20	200	300.4660 (42.1040)	197.3625 (83.9522)	**18.2671** (0.2170)	18.2672 **(0.1494)**
	30	300	823.1685 (239.9951)	529.0013 (172.0520)	28.4996 **(0.1020)**	**28.3020** (0.1356)
f_7	10	100	11.0657 (3.4413)	11.9179 (8.4241)	**0** **(0)**	**0** **(0)**
	20	200	43.3543 (78.0098)	40.9925 (22.5978)	**0** **(0)**	**0** **(0)**
	30	300	78.0098 (23.6240)	82.7775 (44.7396)	0.0003 (0.0009)	**0** **(0)**

图 3-8 到图 3-14 给出了 7 个基准函数在 10 维空间中分别用四种不同的算法得到的均值随进化代数变化的曲线图和部分比较结果的局部放大图，图中横轴用于表示算法的迭代次数，纵轴则表示算法取得的结果。从图中我们可以清晰地看出在有的函数中虽然其他算法最终也能收敛到最优点，但是由于 MBPSO 和 M2BPSO 算法采用了分等级的更新策略，大幅地提高了算法的早期收敛速度。从图 3-11 中可以明显看出 M2BPSO 算法由于使用了变异策略，在迭代的后期进一步的提高了算法的性能，换句话说，变异算子有提高 MBPSO 算法性能的潜力。综上所述，M2BPSO 在进化前期有着更快的收敛速度，而在

进化后期依然有着较强的搜索能力。

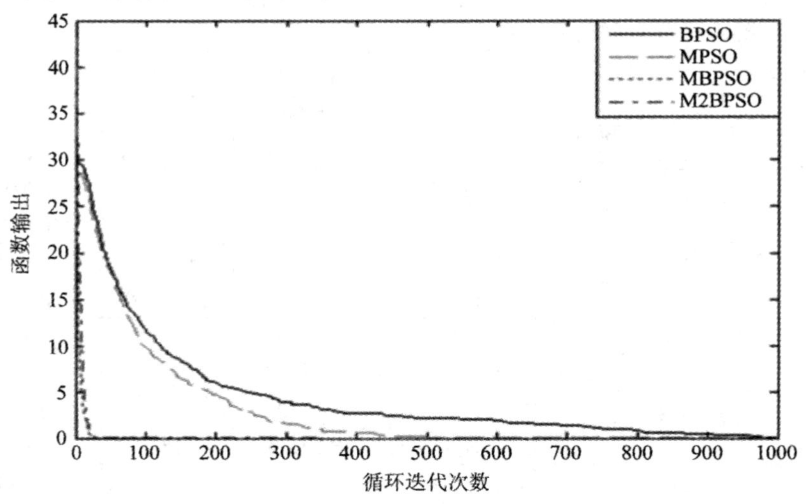

(a) Spherival函数的比较结果

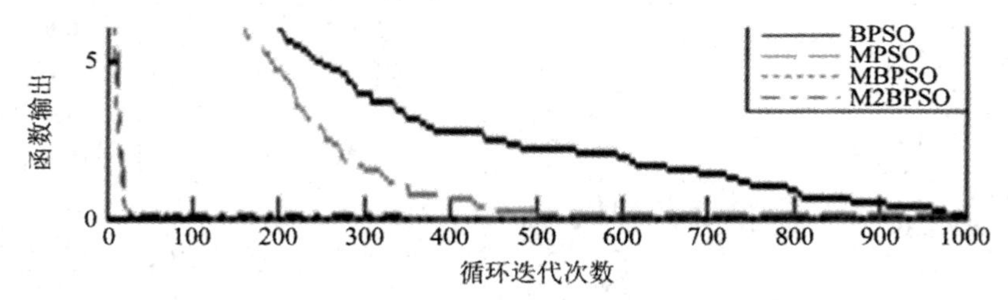

(b) Spherival函数比较结果的局部放大图

图 3-8　Spherical 函数

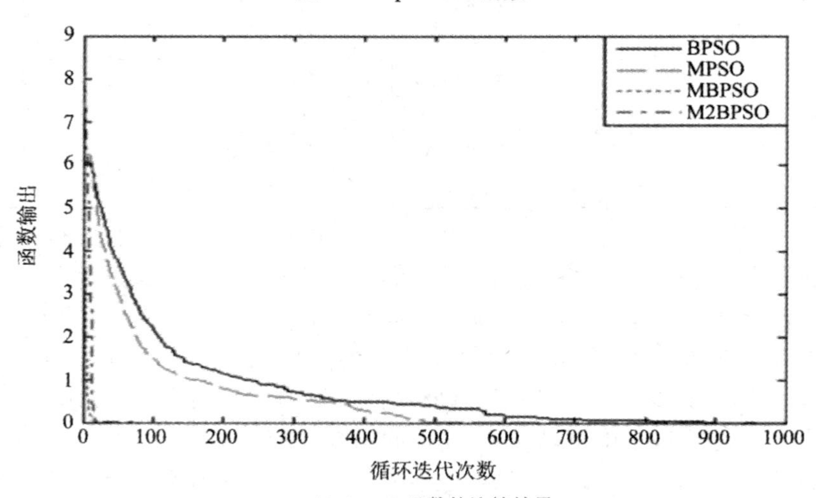

(a) Quartic函数的比较结果

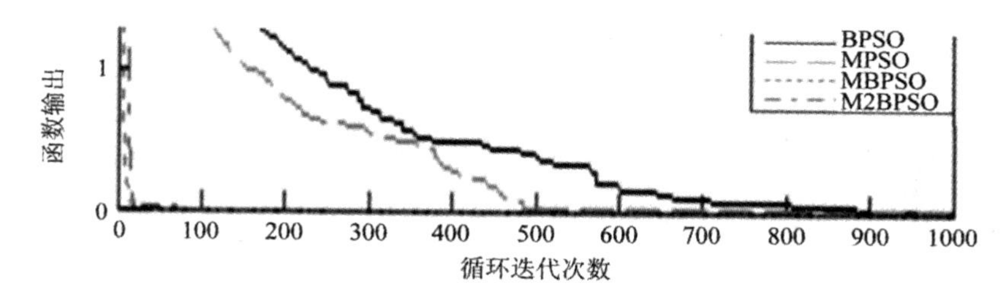

(b) Quartic函数比较结果的局部放大图

图 3-9　Quartic 函数

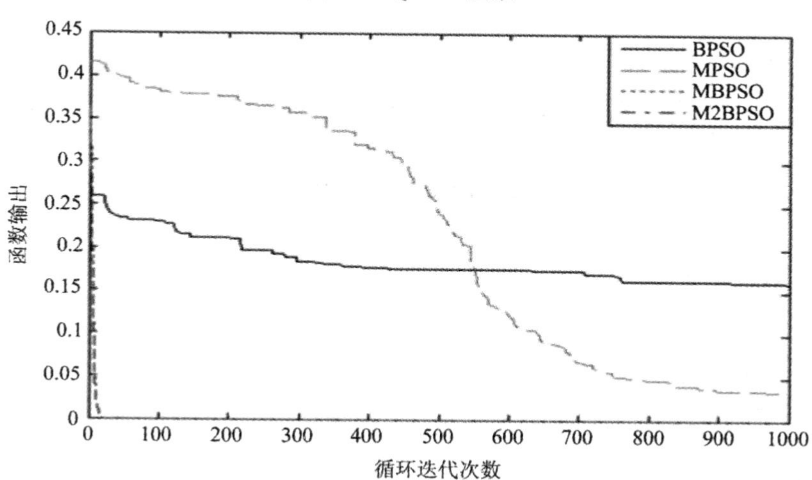

图 3-10　Schaffer's F6 函数的比较结果

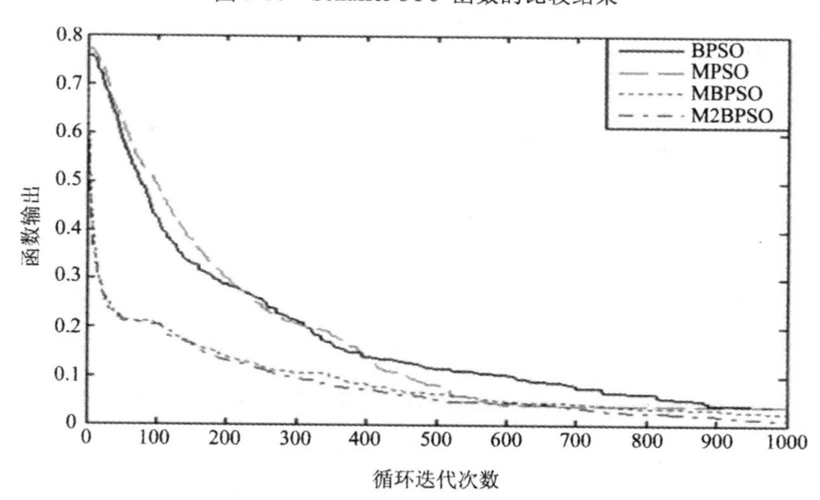

图 3-11　Griewank 函数的比较结果

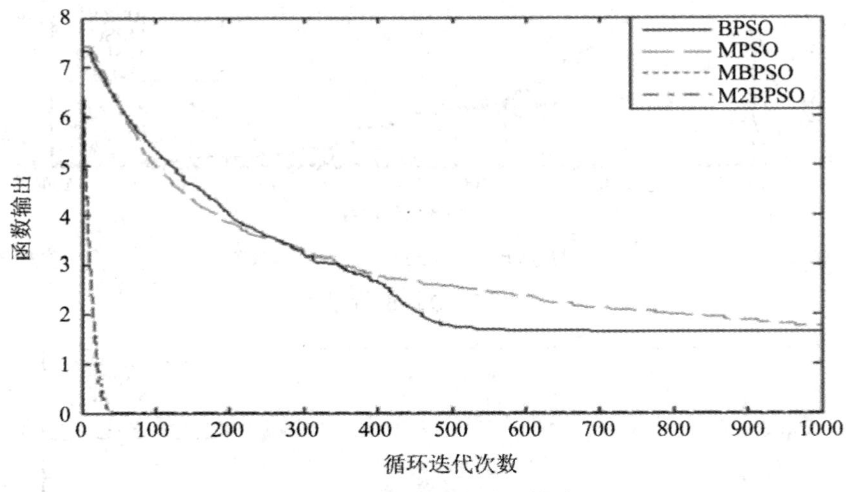

图 3-12　Ackley 函数的比较结果

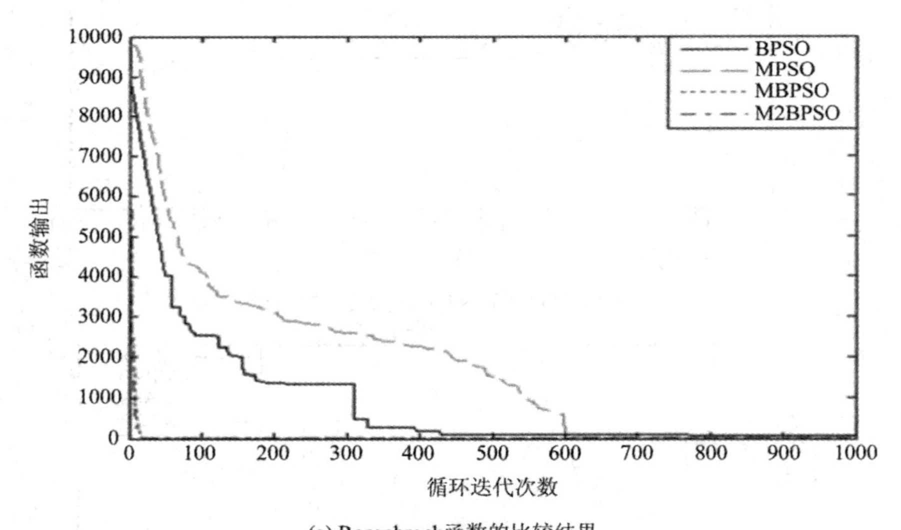

(a) Rosenbrock函数的比较结果

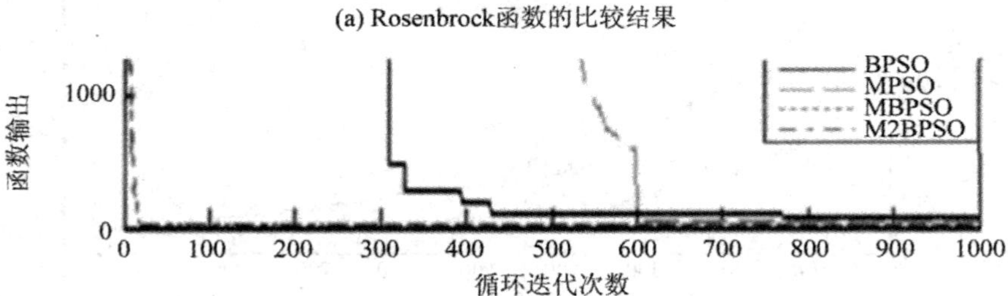

(b) Rosenbrock函数比较结果的局部放大图

图 3-13　Rosenbrock 函数

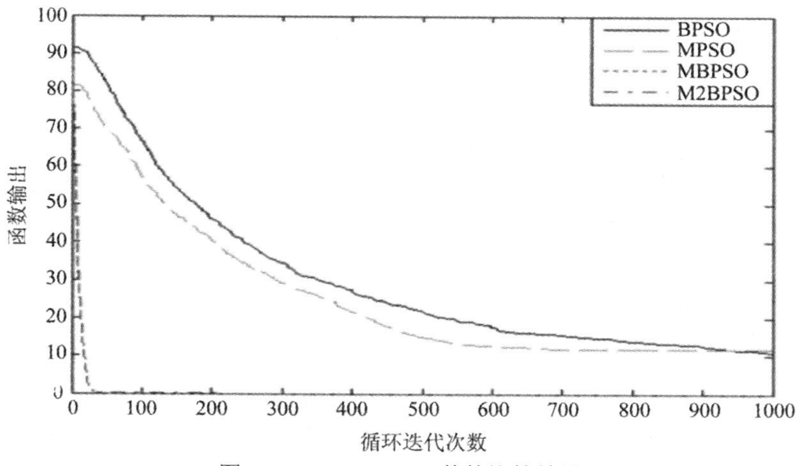

图 3-14　Rastrigin 函数的比较结果

3.5.2　特征选择实验数据

使用 UCI 数据库中的七个数据集对本章提出的 M2BPSO 算法在解决特征选择问题时的有效性进行了测试。表 3-6 给出了这七个数据集的详细信息，其中规模最大的数据集(Mushroom)包含有八千多个样本，Isolet 数据集有六百多个条件属性，类别最多的数据集 Libra 有 15 个类别。

表 3-6　本章实验数据集的详细信息描述

数据集	条件属性数量	样本个数	类别
Ionosphere	33	351	2
Mushroom	22	8124	2
Splice	60	3190	3
Promoter	57	106	2
Isolet	617	1200	4
Libra	90	360	15
Spambase	57	4601	2

3.5.3　参数对算法性能的影响

为了验证本章提出算法在解决特征选择问题时的有效性，我们将 M2BPSO 算法的结果与标准的 BPSO 算法、改进的 PSO 算法、MPSO 算法[127]和 MBPSO 算法进行了比较，四种算法的参数设置如表 3-7 所示，分类器分别使用 SVM 和 DT(C4.5 决策树)。同时，本章使用 K-倍交叉验证算法[129]获得分类精确度，在实验中 k 设置为 10，也就是将数据分成大小基本相等的 10 份，然后 9 份用做训练集，1 份用作测试集，10 次的独立运行的平均值作为最终获得的精确度。

表 3-7　四种算法的参数设置

参数	BPSO	MPSO	MBPSO	M2BPSO
c_1，c_2	2，2	2，2	2，2	2，2
$[-v_{max}$，$v_{max}]$	[−4，4]	[−4，4]	[−4，4]	[−4，4]
Population size	40	40	2	2
Iteration number	600	600	600	600
w	1	见文献[130]*	1	1

*文献中 w 是随进化代数而动态变化的。

由于权重系数 r 对于算法性能存在一定程度的影响，因此，我们给出了算法取不同的 r 时(r 从 0.1 增长至 0.9，步长设定为 0.1)所得到的结果。表 3-8 和表 3-9 分别给出了四种特征选择算法在 Promoter 数据集中以 SVM 为分类器和在 Libra 数据集中使用 DT 作为分类器取得的结果(分类精度以及被选择特征的个数)。从表中可以看出，随着权重系数 r 的增大分类精确度也按照我们所期望的逐步增大，然而属性个数也在逐步增大，而我们的目标是取得精确度和属性个数的平衡，即用尽量少的属性获得尽可能高的分类精确度，从表 3-8 和表 3-9 中可以看出当权重系数 r 取值为 0.8 时，两者可以达到相对平衡(选择的属性个数相对较少，而分类精确度相对较高)，因此，在本章以下的实验中权重系数 r 均设置为 0.8。

表 3-8　权重系数 r 的影响在 Promoter 数据集中(SVM)

Promoter 数据集	BPSO		MPSO		MBPSO		M2BPSO	
	精确度(%)	个数	精确度(%)	个数	精确度(%)	个数	精确度(%)	个数
$r = 0.1$	72.0000	3	73.0000	4	78.0000	2	78.0000	1
$r = 0.2$	78.0000	3	79.0000	9	79.0000	1	78.0000	1
$r = 0.3$	86.0000	6	87.0000	11	83.0000	5	85.0000	4
$r = 0.4$	86.0000	10	87.0000	14	82.0000	5	86.0000	4
$r = 0.5$	90.0000	11	92.0000	15	91.0000	9	90.0000	8
$r = 0.6$	90.0000	8	90.0000	19	91.0000	10	93.0000	10
$r = 0.7$	91.0000	14	92.0000	17	92.0000	12	94.0000	17
$r = 0.8$	93.0000	22	92.0000	17	93.0000	13	94.0000	15
$r = 0.9$	95.0000	26	95.0000	24	94.0000	17	95.0000	18

表 3-9　权重系数 r 的影响在 Libra 数据集中(DT)

Libra 数据集	BPSO		MPSO		MBPSO		M2BPSO	
	精确度(%)	个数	精确度(%)	个数	精确度(%)	个数	精确度(%)	个数
$r = 0.1$	50.0000	12	46.3333	15	26.3333	3	42.6667	7
$r = 0.2$	52.3333	13	51.3333	17	40.0000	7	50.3333	5
$r = 0.3$	55.6667	12	52.3333	17	49.6667	11	52.3333	9
$r = 0.4$	55.6667	17	51.0000	13	60.0000	11	55.6667	10
$r = 0.5$	58.6667	22	56.3333	21	59.6667	10	59.3333	16
$r = 0.6$	56.3333	23	58.3333	24	61.0000	16	61.0000	21
$r = 0.7$	60.6667	27	57.6667	26	61.1667	21	63.0000	27
$r = 0.8$	62.3333	31	59.6667	28	63.0000	21	66.6667	26
$r = 0.9$	61.1667	39	61.0000	41	62.0000	35	65.0000	28

3.5.4　实验结果及分析

我们以 SVM 为分类器，权重系数取值为 0.8，将上述四种算法应用在七个数据集上进行测试，表 3-10 和表 3-11 分别给出了每一个数据集对应的分类精确度和属性个数。从表中可以看出在大多数数据集中本章提出的算法获得了最好的结果，尤其是在高维数据集上，M2BPSO 算法的优势尤其明显。以 Isolet 数据集为例，四种算法获得的精确度相差不多，但是 M2BPSO 算法相比于其他算法将属性数量至少减少了 36 个。在 Splice 数据集中，跟标准的 BPSO 算法以及改进的 MPSO 算法相比 M2BPSO 算法将精确度提高了 2%左右，与此同时 M2BPSO 算法仅用了相比于其他算法不到一半的特征而获得了此分类精确度。因此，我们可以得出 M2BPSO 算法相比于其他算法能够选取更为有效、合理的特征子集。

表 3-10　SVM 作为分类器的精确度值

数据集	原始数据集(%)	BPSO(%)	MPSO(%)	MBPSO(%)	M2BPSO(%)
Ionosphere	93.6111	92.5000	93.0556	93.3333	**94.4444**
Mushroom	95.7787	97.2131	**98.6612**	97.2678	95.8607
Splice	85.0313	86.9688	87.9603	**89.7188**	89.6563
Promoter	86.0000	93.0000	92.0000	93.0000	**94.0000**
Isolet	98.0833	98.9167	98.6667	**98.9167**	**98.9167**
Libra	55.3333	64.6667	63.3333	**65.3333**	**65.3333**
Spambase	81.4565	90.5870	90.6522	91.1739	**91.7174**

表 3-11　SVM 作为分类器特征选择后属性个数

数据集	原始数据集	BPSO	MPSO	MBPSO	M2BPSO
Ionosphere	33	6	**5**	**5**	6
Mushroom	22	2	3	4	**1**
Splice	60	12	17	6	**5**
Promoter	57	22	17	**13**	15
Isolet	617	238	240	213	**177**
Libra	90	26	31	26	**25**
Spambase	57	11	16	12	**8**

以 Isolet 数据集为例，图 3-15 给出了上述四种算法最大适应度函数值与算法迭代次数之间的关系曲线。从图中可以看出 M2BPSO 算法性能明显优于其他算法，并且在进化后期 M2BPSO 算法依然有较强的搜索能力，这是变异算子所发挥的主要作用。因此，M2BPSO 算法不论是在收敛速度还是算法性能方面都优于其它几种算法。

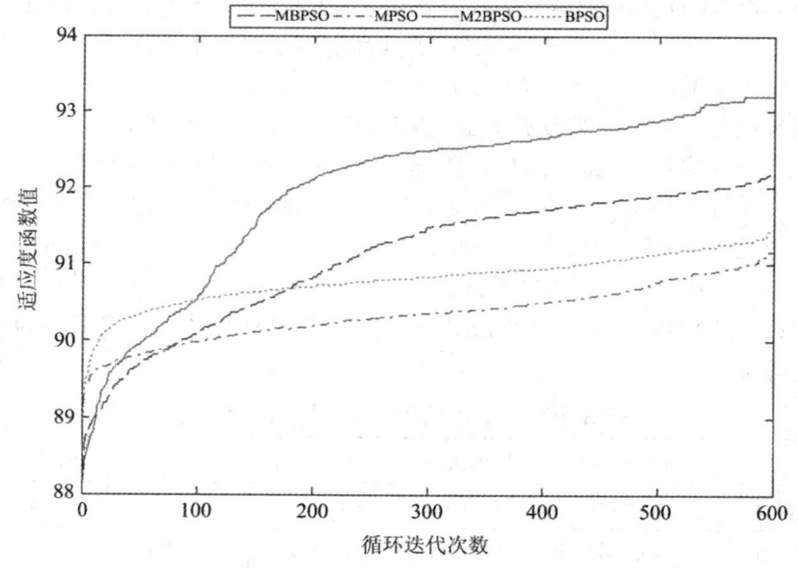

图 3-15　Isolet 数据集以 SVM 为分类器在每一代循环最大适应度函数值

为了验证 M2BPSO 算法的普适性(与具体分类器无关)，以 DT 作为分类器将上述四种算法在七个数据集上进行了测试，表 3-12 和表 3-13 分别给出了每个算法对应的精确度和特征选择后的属性个数。从表中可以看出，与 SVM 作为分类器时的情况基本相同，M2BPSO 算法相比于其他三种算法不仅提高了分类精确度还大幅降低了数据特征的维数。在 Mushroom 数据集中四种特征选择算法得到的结果相同，只用了 1 个属性得到了 98.5240%的分类精确度，说明该数据集相对比较简单，类间特征比较明显。从整体上来看，M2BPSO 算法在使用不同分类器时，均取得了最好的结果，即其性能优于其他几种比较算法。

表 3-12 DT 作为分类器的精确度值

数据集	原始数据集(%)	BPSO(%)	MPSO(%)	MBPSO(%)	M2BPSO(%)
Ionosphere	87.5000	90.8333	91.6667	94.1667	**94.4444**
Mushroom	96.8512	**98.5240**	**98.5240**	**98.5240**	**98.5240**
Splice	89.7813	**92.5625**	91.9375	92.1563	92.2500
Promoter	68.0000	92.0000	93.0000	**94.0000**	**94.0000**
Isolet	93.1667	95.8333	95.8333	96.2500	**96.5000**
Libra	43.3333	62.3333	59.6667	63.0000	**66.6667**
Spambase	90.1957	90.1987	90.5000	**90.9783**	90.5217

表 3-13 DT 作为分类器特征选择后属性个数

数据集	原始数据集	BPSO	MPSO	MBPSO	M2BPSO
Ionosphere	33	6	9	7	**5**
Mushroom	22	**1**	**1**	**1**	**1**
Splice	60	15	17	9	**8**
Promoter	57	15	20	10	**9**
Isolet	617	232	254	214	**196**
Libra	90	31	28	**26**	**26**
Spambase	57	10	14	10	**9**

其次，我们将 M2BPSO 算法跟几种常用的特征选择算法进行了比较，结果如表 3-14 和表 3-15 所示。比较算法主要包括基于欧式距离的特征选择算法(ReliefF，其中 Neighbors 和 Instances 参数分别设定为 5 和 30)[131]、基于相关系数的特征选择算法(CCS)[132]、基于最大相关和最小冗余的特征选择算法(mRMR)[133]、使用二进制投影基于相关熵的特征选择算法(BPFS)[134]和基于信息增益的特征选择算法(IG)[135]。从表中可以看出，以 SVM 为分类器 M2BPSO 算法在七个数据集中有五个数据集精确度好于其他算法，以 DT 为分类器 M2BPSO 算法在七个数据集中有六个数据集的精确度好于其他算法。因此可以得出，M2BPSO 算法在整体性能上明显优于几种比较算法，更适合于解决特征选择问题。

表 3-14　各特征选择算法比较(SVM 分类器)

数据集	ReliefF(%)	CCS(%)	mRMR(%)	BPFS(%)	IG(%)	M2BPSO(%)
Ionosphere	85.1566	85.6111	90.0556	93.4444	88.5556	**94.4444**
Mushroom	92.2605	92.0087	92.9924	95.0023	91.9529	**95.8607**
Splice	93.9541	90.9528	93.9845	**94.6527**	93.9818	89.6563
Promoter	87.0000	85.0000	**95.0000**	92.0000	89.0000	94.0000
Isolet	84.3423	80.6812	96.2085	90.0268	82.9981	**98.9167**
Libra	52.6667	50.1111	59.0000	60.3333	52.6667	**65.3333**
Spambase	80.6641	77.1856	86.2565	86.7543	82.0226	**91.7174**

表 3-15　各特征选择算法比较(DT 分类器)

数据集	ReliefF(%)	CCS(%)	mRMR(%)	BPFS(%)	IG(%)	M2BPSO(%)
Ionosphere	89.8333	88.1667	91.1667	93.5000	90.5000	**94.4444**
Mushroom	90.5240	89.2206	95.9522	96.7521	95.8172	**98.5240**
Splice	93.0711	90.6952	94.3674	**94.8600**	94.3659	92.2500
Promoter	82.0000	86.0000	93.0000	93.0000	90.0000	**94.0000**
Isolet	75.7463	75.2000	82.2800	85.9300	77.4155	**96.5000**
Libra	45.3333	44.6667	48.1111	52.6667	50.6667	**66.6667**
Spambase	78.8825	75.9839	85.2561	84.9626	80.4223	**90.5217**

最后，M2BPSO 算法在 2021 年“梅西转会”的连续事件评论上进行了实验，为后续相关刻板印象分析提供数据支撑。在本实验中，对 2864 条评论进行倾向性手动标定，以完成评论文本倾向性分类研究，实验结果如表 3-16 所示。与理论分析相对应，在进行了特征选择后决策树、朴素贝叶斯和 SVM 算法的准确率都有了一定提升。可知进行特征选择，减小了数据维数，有利于提高算法的运行效率，由此可知 M2BPSO 算法具有较强的泛化能力，适用于刻板印象挖掘相关研究。

表 3-16　属性约简前后算法准确率

算法	特征选择前	特征选择后
决策树	86.7%	87.9%
朴素贝叶斯	74.1%	75.1%
SVM	86.7%	90.3%

本 章 小 结

考虑到刻板印象挖掘过程中文本数据处理具有稀疏性强、数据量大、规则性不明显等特点，本章根据生物群体中的等级现象提出了两种新的二进制粒子群算法，用于解决特征选择问题，减少文本倾向性判断的计算量。首先对特征选择问题进行了简要地介绍，其次对新设计的二进制粒子群算法进行了详细地介绍，再次对新算法在特征选择问题中的应用进行了介绍，然后用基准函数对算法性能进行了测试，最后将算法用于解决特征选择问题，并将结果与几种常用的算法进行了比较。实验结果证明了 M2BPSO 算法的有效性，M2BPSO 算法不仅具有更快的收敛速度，而且在算法性能方面优于其他几种算法。在与刻板印象处理的实验中取得了较好的实验效果，证明了 M2BPSO 算法的有效性。下一步我们将从褒贬特征的多样性、复杂性等方面考虑，进一步完善特征提取技术，提高分类精度，为后续特征分析提供条件。

第 4 章　基于多种群单变量边缘分布估计算法的特征选择技术

在刻板印象挖掘过程中，面临的最大问题就是向量的高维度以及向量的稀疏性问题，这两个因素直接影响到后续分类过程中的准确率。因此，利用特征选择技术对向量空间降维是一个必要的流程。特征选择的目的是从全部特征中选取一个子集，因为过多的特征个数会使得分析特征以及训练模型所需的时间过长，此外还可能引起“维数灾难”，增加模型复杂性并降低其推广能力。因此，特征选择的结果将对分类器的精度以及泛化能力产生直接的影响。封装(Wrapper)模型将后续的学习算法作为模型中的一个有机组成部分，并将学习算法结果直接用于特征子集的评价，因此基于该模型的算法可以获得较高的分类精度，也是目前特征选择领域研究的热点之一[136]。

近年来已有许多封装算法被提出，这些方法大体上可以分为两类：基于序列的搜索算法(Sequential Search，SS)和基于进化算法(Evolutionary Algorithms，EAs)的方法，研究表明 SS 算法适合于解决小规模问题，而 EAs 算法在中、大规模数据中有着较好的表现。因此，本章使用 EAs 算法中比较新的一个分支分布估计算法(Estimation Distribution Algorithms, EDAs)解决特征选择问题，如前所述 UMDA 是 EDAs 算法中最简单的一类算法，该算法有很多优点：需要调节的参数较少，易于实现，并且在进化过程中采用了精英保留策略，保留了优势种群。但是在进化后期其依然存在容易陷入局部最优的问题，受团体或组织接收新人的社会现象的启发，本章提出了一种多种群单变量边缘分布估计算法(Multi-population Univariate Marginal Distribution Algorithm，MUMDA)，并将其用于解决特征选择问题，最后通过实验验证了算法的有效性。

4.1　MUMDA 模型

4.1.1　单变量边缘分布估计算法

EAs 是一种群体智能算法，其在特征选择领域有着非常广泛的应用。遗传算法(Genetic Algorithm，GA)通过选择、交叉、变异等操作模拟生物进化及遗传机制，它是目前为止最成功、应用最为广泛的一种 EAs。然而，选择、交叉等操作会造成“构造块破坏”的现象，从而导致算法早熟或者陷入局部最优。为了克服 GA 的一些不足，一种将 GA 和统计学习理论相结合的进化算法——EDAs 于 1996 年被提出。EDAs 有两个重要的步骤：(1) 对优势群体建立概率模型；(2) 依照所得概率模型进行采样。德国研究者 Muhlenbein 提出的单变量边缘分布估计算法(Univariate Marginal Distribution Algorithm，UMDA)是应用范围最为广泛的一种 EDAs。

4.1.2　改进的 UMDA

与其他 EAs 类似(比如遗传算法)，UMDA 应用于高维复杂问题的优化时，易于陷入局部极值点，即种群还没有找到全局极值便聚集到一点而停滞不前。因此，如何提高算法的性能，尽可能地避免种群多样性的缺失，成为许多研究者关注的重点。

近年来，模拟生物或社会现象提出智能算法用以解决一些复杂的计算问题，已得到越来越多学者的关注。科学家们通过对组织或企业人事方面的观察，发现了这样一个规律：每个企业都会定期地进行招聘，吸纳一些新鲜力量，而这些新人的到来并不会因为业务的不熟练而造成整个团队工作效率的降低，反而会增加团队活力、带入新鲜血液的同时提升工作效能。反之，如果一个组织不接收新人，则会使团队工作效率退化，造成员工工作积极性的降低，最终导致整个企业竞争力和创新性的下降，而吸纳新人则会由于新鲜血液的输入引起适当地竞争，从而表现为员工工作积极性以及工作效率的提高。

因此，为了避免种群多样性的缺失、增加个体间的竞争，基于上述现象本章提出了 MUMDA 算法，该算法规定在算法运行过程中，当种群的最优值在连续的五代中不发生变化时，则在种群中加入若干随机个体(即加入新鲜血液，引入适当的竞争)。因此，新算法的种群就由三个部分组成：第一部分为前一代的优势个体；第二部分为依照前一代优势个体概率分布函数采样得到的个体；第三部分为依照随机概率产生的个体[137]。

下面给出 MUMDA 的主要步骤(见算法 4.1)和具体流程图(见图 4-1)。

算法 4.1　MUMDA

步骤 1 初始化：设置种群数量为 H，最大循环代数为 T，$p_0(x) = (0.5, \cdots, 0.5)$，$t = 0$，依照概率向量 $p_0(x)$ 产生初始种群 pop(0)，temp=0；

步骤 2 计算 pop(0)的适应度函数值，如果 $t \leqslant T$ 继续，否则停止；

步骤 3 选择最优的 $S = H/2(S<H)$ 个个体作为优势种群 D_{t-1}^{sel}；

步骤 4 使用式(2-2)计算联合概率分布 $p_t(x)$；

步骤 5 通过采样联合概率分布 $p_t(x)$ 产生 $H - S$ 个新个体；

步骤 6 设置 $t = t + 1$，temp = temp + 1，在第 t 代个体最大适应值 Fit(temp) ≠ Fit(temp−5)时，返回步骤 2，否则继续；

步骤 7 计算 pop(t)的适应度函数值；

步骤 8 选择最优的 $SR = 2*H/5(SR<H)$ 个个体为最优个体 D_{t-1}^{sel}；

步骤 9 使用式(2-2)计算联合概率分布 $p_t(x)$；

步骤 10 按照联合概率分布 $p_t(x)$ 产生 $NR = 2*H/5$ 个新个体；

步骤 11 随机产生 $H - NR - SR$ 个新个体；

步骤 12 temp = 0；

步骤 13 判断是否满足算法的结束条件，满足则输出最终结果，否则返回步骤 2。

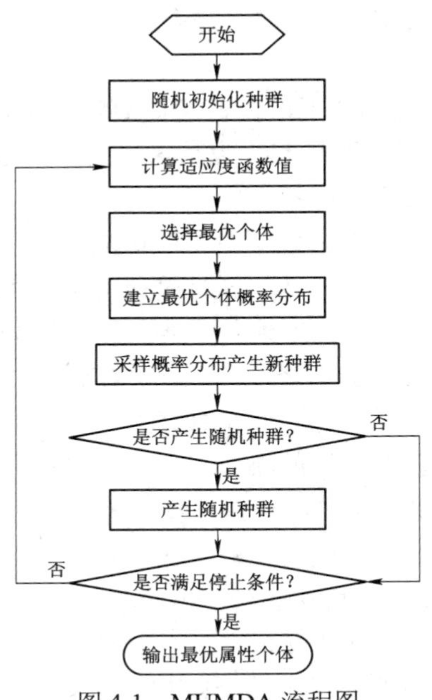

图 4-1　MUMDA 流程图

4.1.3　支持向量机

支持向量机(Support Vector Machines，SVM)是 20 世纪 90 年代中期提出来的一种由统计学习理论发展而来的新型结构化学习算法。SVM 优化准则为结构风险最小化[138]，其基本思想是将正、负两类样本(在图 4-2 中分别对应于实心点和空心点)通过核函数映射到一个高维特征空间中，在该特征空间中两类样本可被一个超平面线性划分，该超平面记为 $\omega^*x+b=0$，并寻找样本在此特征空间中的最优分类面(分类面不但能将两类样本正确分开，而且使分类间隔最大)[139]。SVM 的数学表达式如下：

$$\begin{cases}\text{min：}\dfrac{1}{2}\|\omega\|^2+C\sum\limits_{i=1}^{l}\xi_i\\ \text{st：}y_i\left(<\omega,x_i>+b\right)-1+\xi_i\geqslant 0\end{cases}\tag{4-1}$$

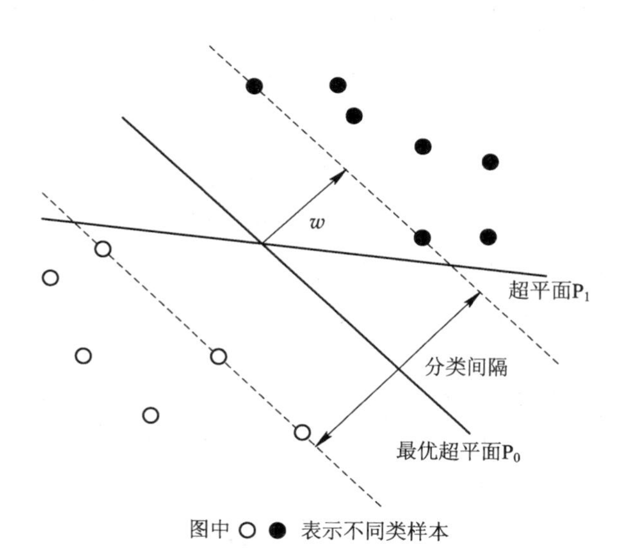

图 4-2　最优分类面示意图

其中：(x_i，y_i)为样本点；ω 为超平面的法向量；b 为超平面的偏移量；C 称作惩罚因子，用于平衡算法的精度与复杂度，C 越大，对错误分类的惩罚就越大；ξ_i 称为松弛项。利用 Lagrange 优化方法可以求解上述问题，最终得到的判别函数如下所示：

$$y=F(x)=\text{sign}\left(\sum_{i=1}^{n}\alpha_i y_i K(x_i,x)+b\right)\tag{4-2}$$

其中：α_i 为 Lagrange 乘子；(x_i, y_i) 是训练样本集元素；y_i 为样本 x_i 的类标记；n 表示训练样本的个数；x 代表待分类样本；$K(x_i, x)$称作核函数。由于具有坚实的理论基础，SVM 算法已被广泛应用于各种领域的研究中，并取得了不错的效果[140]。

4.1.4 基于 MUMDA 和 SVM 的封装算法

在封装算法中，除特征子集的选择以外，学习算法的参数对结果也有很大的影响，SVM 在使用时最先要解决的就是核函数及其参数的选择问题。研究者往往都是根据一些先验知识选择 SVM 的核函数，在没有任何先验知识可供参考的时候径向基核函数(RBF)就是最理想的选择，这也是本章的选择。SVM 的参数(惩罚因子 C 和高斯核参数 γ)和特征子集间存在一定的依赖关系，相互影响，因此，本章利用 MUMDA 对 SVM 参数和特征子集同时优化，搜索“最优”解。MUMDA 个体编码以及适应度函数的选择是 MUMDA-SVM 封装算法设计的关键所在。

如图 4-3 所示，MUMDA 的每个个体由两部分组成：特征和 SVM 参数。

$$\underbrace{x_1, x_2, \cdots, x_n}_{\text{特征}}, \underbrace{x_{n+1}, x_{n+2}, \cdots, x_h}_{\text{SVM参数}}$$

图 4-3　个体编码结构图

其中，x_1，x_2，…，x_n 分别对应数据集所包含的 n 个特征，当 x_i 取值为“1”时表示对应的特征被选择，若为“0”则表示该特征被约简掉了。x_{n+1}，…，x_h 用于编码 C 和 γ，这部分长度根据所需的计算精度来设定。适应度值用于反映个体对于环境的适应能力，所以针对本研究的特点，本章依旧采用预测精度与特征个数相结合的方式作为 MUMDA 的适应度函数。

4.2 实验结果

首先，我们先用经典的旅行商问题对 MUMDA 的有效性进行分析，然后再将其用于特征选择问题的求解。

4.2.1 MUMDA 有效性测试

旅行商问题(Traveling Salesman Problem，TSP)是著名的组合优化问题之一，它要求推销员以最短的路径拜访多个地点，并且每个地点只能拜访一次并最终回到起点[141]。规则是十分简单的，但是当地点数目增加到一定值后该问题的求解也是极为复杂的。本章中用到的五个例子均来自 TSPLIB[142]。为了验证 MUMDA 算法的性能，我们将其与混合 ACO 算法(GPAA)[154]、标准 UMDA、BPSO 以及改进的 PSO 算法[143](IPSO)在如表 4-1 所示的五个例子上进行了测试，其中 IPSO 用“与”“异或”等操作代替了标准 BPSO 算法中的“和”操作；GPAA 通过使用重力搜索算法对 PSO 算法和 ACO 算法参数进行优化，并且使用改进 PSO 算法解决了 ACO 算法初始信息素匮乏导致的求解速度慢问题，文献[144]证明了混合 ACO 算法的有效性。根据 TSP 的特点，我们将各种算法编码为 $x=\{x_{11}\cdots x_{1c}x_{21}\cdots x_{2c}\cdots x_{m1}\cdots x_{mc}\}$，下标 m 是地点的标号，c 是常数 $2^c \geqslant m$。算法获取各地点拜访顺序的步骤如图 4-4 所示。

```
C={1, 2, …, m}
x={x11…x1cx21…x2c…xm1…xmc}
for i=1 to m
    X=decode(x11…xic)        %将二进制转换为十进制
    While(X>|C|)             %|C|表示城市数量
        X=X-|C|
    end while
    Si=CX                    %S表示拜访顺序
    C=C-CX                   %从候选集中将城市Si移除
end
```

图 4-4　获取各地点拜访顺序流程

例如当 $m=8$ 及 x={101 001 011 111 000 000 110 111}时，该个体 x 对应的八个城市拜访顺序的详细步骤如下：

(1) $x_1=(101)_2=(5)_{10}$，其中 5 对应的是 C_6，$S_1=6$ 则 $C=\{1，2，3，4，5，7，8\}$；

(2) $x_2=(001)_2=(1)_{10}$，其中 1 对应的是 C_2，$S_2=2$ 则 $C=\{1，3，4，5，7，8\}$；

(3) $x_3=(011)_2=(3)_{10}$，其中 3 对应的是 C_4，$S_3=5$ 则 $C=\{1，3，4，7，8\}$；

(4) $x_4=(111)_2=(7)_{10}$，其中 7 对应的是 C_8，$S_4=4$ 则 $C=\{1，3，7，8\}$；

(5) $x_5=(000)_2=(0)_{10}$，其中 0 对应的是 C_1，$S_5=1$ 则 $C=\{3，7，8\}$；

(6) $x_6=(000)_2=(0)_{10}$，其中 0 对应的是 C_1，$S_6=3$ 则 $C=\{7，8\}$；

(7) $x_7=(110)_2=(6)_{10}$，其中 6 对应的是 C_7，$S_7=7$ 则 $C=\{8\}$；

(8) $x_1=(111)_2=(7)_{10}$，其中 7 对应的是 C_8，$S_8=8$。

通过以上步骤可以看出个体对八个城市的拜访顺序为 6→2→5→4→1→3→7→8→6。

上述四种算法在每个例子上均独立运行了 30 次，表 4-1 给出了上述四种算法的测试结果(30 次运行的平均值(Average)和标准差(Standard Deviation))。从表 4-1 中可以看出，本章提出的算法在三个测试例子上均取得了最好的结果。此外，从表中所列标准差可以看出，相比于其他算法，MUMDA 算法有着更好的稳定性。该结果也证实了本章所提出的进化策略的有效性，即在算法迭代过程中引入适当的竞争，可以增强算法的搜索能力，并提升算法的性能。

表 4-1　四种进化算法在五个 TSP 例子上的测试结果

数据集 (目前最优解)	平均值/(标准差)				
	GPAA	BPSO	IPSO	UMDA	MUMDA
Eil51 (426)	**433.3** (**2.61**)	497.8 (10.86)	486.8 (10.48)	461.4 (4.24)	454.0 (4.48)
St70 (675)	687.1 (2.94)	740.3 (11.52)	684.9 (23.31)	712.2 (7.41)	**682.4** (**6.72**)
Kroa100 (21282)	22343.7 (95.74)	23280.2 (270.25)	23233.1 (488.14)	**22334.3** (**94.29**)	22375.3 (98.23)
Lin105 (14379)	14691.8 (90.37)	16042.3 (457.13)	15451.2 (278.85)	14730.4 (100.24)	**14687.3** (**87.76**)
Pcb442 (50778)	52304.7 (131.25)	54678.1 (349.81)	53755.3 (494.18)	52479.1 (129.83)	**52299.8** (**125.23**)

4.2.2　特征选择实验数据

为了验证 MUMDA 算法在解决特征选择问题时的有效性，我们在 UCI 数据库中选择了七个有代表性的数据集进行了实验。数据集的详细信息如表 4-2 所示。其中，Waveform 数据集中包含的样本数最多(5000)，Adertisement 包含了 1558 个条件属性，Musk 以及 Isolet 两个数据集的条件属性个数也达到了一百以上。

表 4-2　本章实验数据集的详细信息描述

数据集	条件属性个数	样本个数	类别
Waveform	40	5000	3
Dermatology	34	358	6
Musk	166	476	2
Chess	36	3196	2
Isolet	617	1200	4
Audiology	69	200	24
Advertisement	1558	3279	2

4.2.3　实验结果及分析

实验中将 MUMDA 算法与多种进化算法进行了比较，这些进化算法中所使用到的参数如表 4-3 所示，本章中依旧使用 10-倍交叉验证对算法的性能进行测试。算法评价指标为分类精度和被选特征属性个数。然而，如果几个算法分别在两个指标上取得了比较好的值，这样几个算法之间就不能进行直接比较，因此我们综合这两种指标提出了一个新的评价指标(均衡因子，EF)，其定义如式(4-3)所示。

$$\text{EF} = (1 - \text{ACC}) + N_c \tag{4-3}$$

$$N_c = \frac{N_s}{N_a} \tag{4-4}$$

其中 ACC 表示算法的预测精度，N_s 表示选择的特征个数，N_a 表示数据集中包含条件属性的总数。从式中可以看出当 EF 取值越小时分类精确度越高或者属性个数越少。

表 4-3　各算法参数说明

种群大小	60
最大循环代数	300
权重系数	0.8

为了说明在封装算法中对 SVM 参数以及特征子集同时进行优化的必要性，我们对其进行了实验，结果见表 4-4。从表 4-4 中可以看出，对参数优化后的均衡因子结果与不优化时相比明显较小，说明了在封装算法中对分类学习算法参数的优化是十分必要的，有助于进一步提升算法的性能。

表 4-4　优化 SVM 参数对算法性能的影响(均衡因子)

数据集	只进行特征选择	同时优化特征子集和参数
Waveform	0.6075	**0.3582**
Dermatology	0.4579	**0.1987**
Musk	0.5684	**0.4989**
Chess	0.4923	**0.1804**
Isolet	0.3461	**0.0861**
Audiology	0.2948	**0.1983**
Advertisement	0.2267	**0.0763**

图 4-5 给出了 MUMDA 在 Isolet 数据集中循环迭代次数与分类精确度以及属性个数之间的关系。从图 4-5 中可以看出，被选特征数目在进化的后期基本收敛(迭代 100 次左右就没有大的变化)，然而预测精度却还有一定程度的增加。造成这种现象的原因是：(1) 在进化后期所选特征子集中特征数目基本不变了，但是具体选择的对象(特征)有可能是不同的；(2) 优化 SVM 的参数同样可以使预测精度提升。因此也说明了特征子集的选择和学习算法参数的优化同时进行是十分必要的。

通过 4.1 节的描述可知，改进的 UMDA 算法依旧采用了精英保留策略，以个体的适应度值评价个体状态的优劣，因此进化序列必然是一个单调序列，其从 t 代演化至 $t+1$ 代的过程中，后一代种群的生成仅依赖于前一代种群的取值($X(0)$是随机生成的，$X(t+1)$仅依赖于 $X(t)$决定)，这种条件依赖性可以建模为 Markov 链。此外，算法中的新个体均通过随机产生，该操作类似于遗传算法中的变异操作，而这种变异是为了产生更加优异的新状态，保证算法向全局最优解进化，而各代中的最优个体的适应度值序列必是一个单调序列，因此，算法通过迭代使新种群在总体上较上一次种群更优。所以根据文献[145]中的结论可知，该算法必然收敛。此外，由图 4-5 所示的结果亦可证明此结论的正确性。

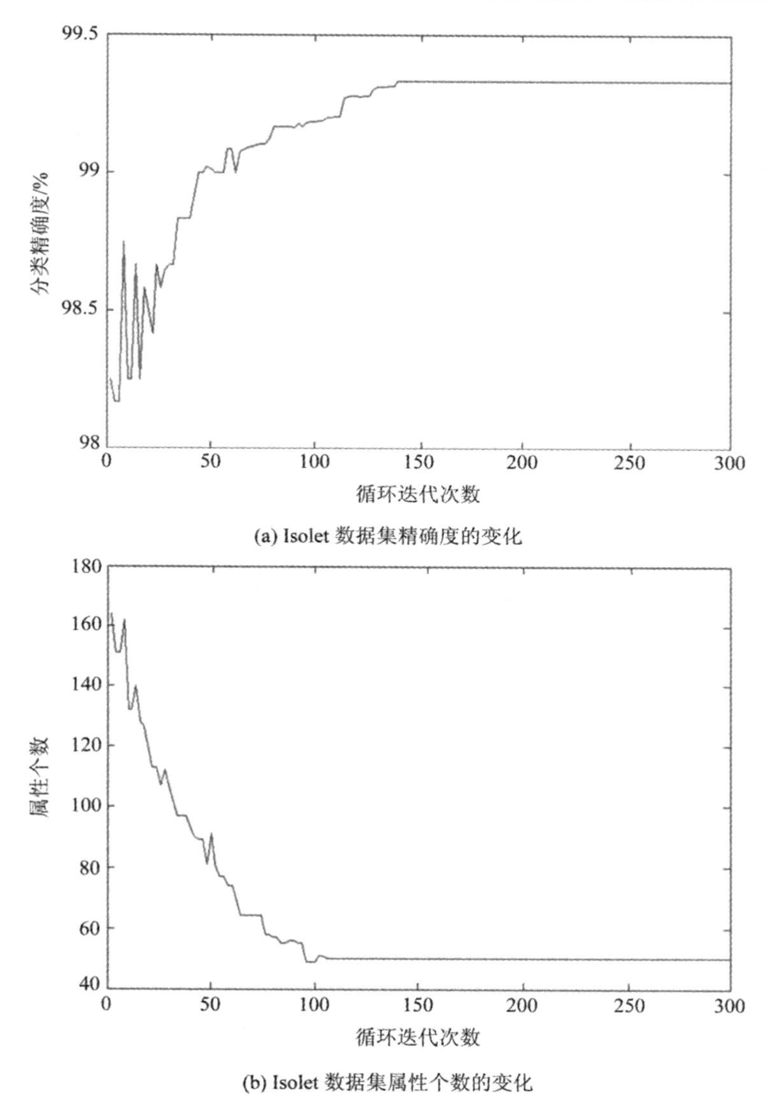

(a) Isolet 数据集精确度的变化

(b) Isolet 数据集属性个数的变化

图 4-5　Isolet 数据集实验结果与进化代数关系图

为了验证 MUMDA 算法在解决特征选择问题时的有效性，我们将算法在上述七个数据集上的结果与标准 UMDA 以及文献[146]提出的改进 PSO 算法(记为 IPSO)进行了比较，图 4-6 给出了三种算法在七个数据集上预测精度的比较结果。图中 x 轴用于表示不同的数据集，y 轴用于表示预测精度。正如我们所预期的一样，MUMDA 算法在大多数数据集上均获得了比其他算法更高的预测精度，因此，我们可以得出结论：MUMDA 算法在预测精度方面性能优于其他几个比较算法，但这种优势并不十分明显。

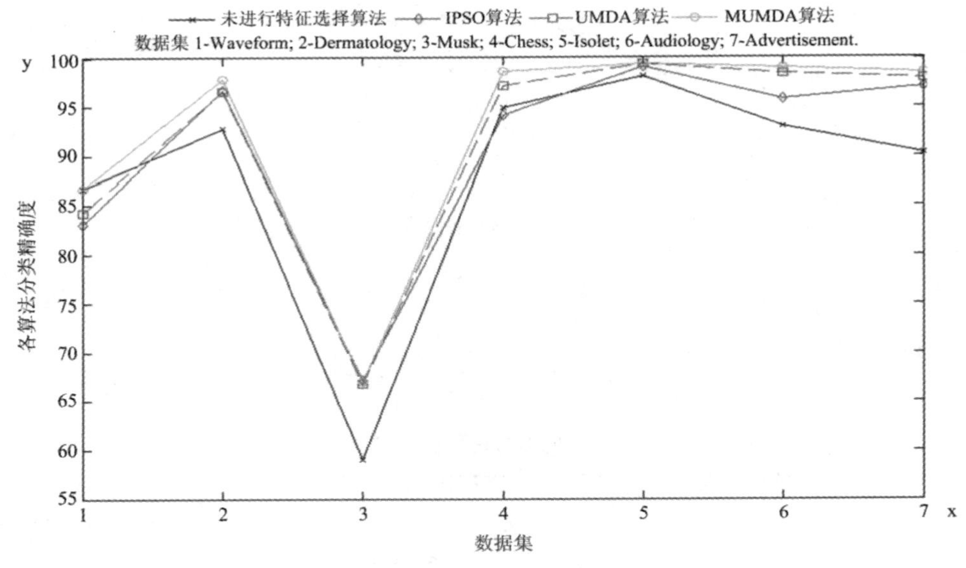

图 4-6　预测精确度比较图

表 4-5 给出了上述三种算法在七个数据集上选择特征的数目，MUMDA 算法在其中的五个数据集上所选择的特征数目最少，只是在 Dermatology 数据集上比 UMDA 稍差，但十分接近，而在 Waveform 数据集上，MUMDA 算法与 UMDA 取得了相同的结果，相比于 IPSO 有着较明显的提升。因此，从总体上来说 MUMDA 算法在属性个数评价指标下优势较为明显。

表 4-5　三种算法对应的属性个数(SVM 分类器)

数据集	原始属性集	IPSO	UMDA	MUMDA
Waveform	40	15	9	9
Dermatology	34	11	**5**	6
Musk	166	59	40	**28**
Chess	36	13	10	**6**
Isolet	617	261	82	**49**
Audiology	69	22	15	**13**
Advertisement	1558	307	152	**96**

三种算法在七个数据集上所获得的均衡因子如图 4-7 所示，从图中我们可以很明显地看出，MUMDA 算法在所有数据集上都取得了最好的结果，而且在部分数据集上这样的优势还是十分明显的。因此，我们可以得出这样的结论：MUMDA 算法在大多数数据集上都取得了更好的结果，其在两种传统评价指标之间能够达到更好的平衡，此外，本章设计的评价指标均衡因子能够更好地对特征选择算法进行综合性的评价。

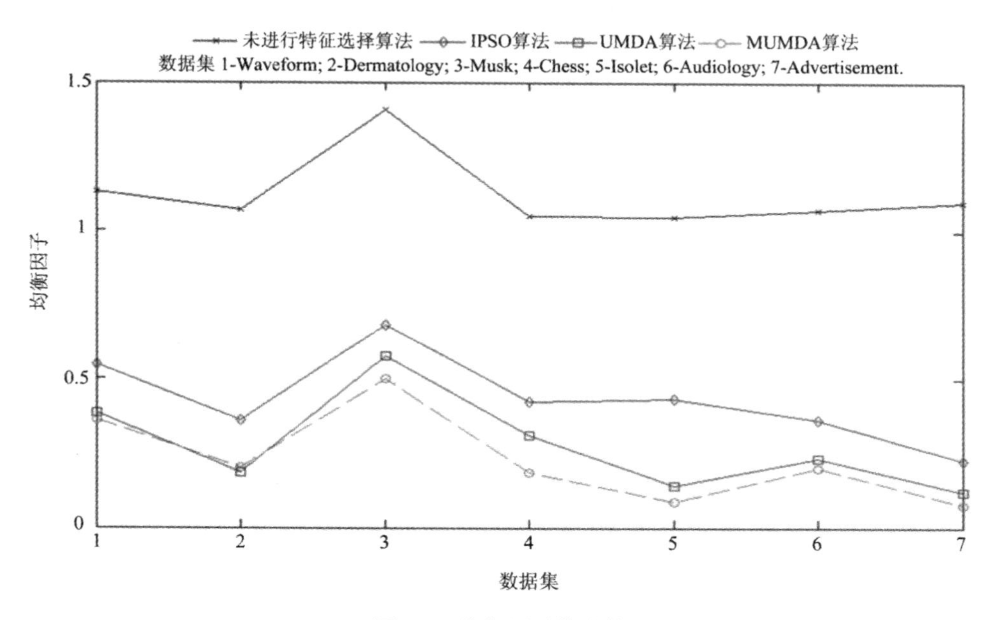

图 4-7　均衡因子的比较

为了进一步验证本章封装算法的性能，我们将 MUMDA 算法结果与已发表的三种封装算法(IBPSO[147]，HPG[148]和 GANNDM[149])进行了比较，IBPSO 将改进二进制粒子群用作特征选择方法，并与分类器 KNN 共同构成了一个封装算法；HPG 将粒子群和遗传算法相结合并用 SVM 作为分类算法；GANNDM 算法通过使用最近邻距离矩阵作为适应度评价指导遗传算法，比较结果如表 4-6 所示。从表 4-6 中可以看出，在七个数据集中，MUMDA 算法所选择的属性个数都少于其他特征选择算法，而从均衡因子的角度来说，MUMDA 算法在所有数据集上均取得了最好的结果，而且在有的数据集上这种优势十分明显，也就是说相比于其他几种算法，MUMDA 算法更适合解决特征选择问题。

表 4-6　MUMDA 算法与已发表结果之间的比较

数据集	评价指标	IBPSO	HPG	GANNDM	MUMDA
Waveform	ACC(%)	83.9500	**87.2800**	85.3700	86.6800
	特征个数	17	13	12	**9**
	均衡因子	0.5855	0.4522	0.4463	**0.3582**
dermatology	ACC(%)	97.3333	97.5556	96.7778	**97.7778**
	特征个数	11	7	7	**6**
	均衡因子	0.3502	0.2303	0.2381	**0.1987**
Musk	ACC(%)	62.9495	66.0921	**68.4818**	66.9791
	特征个数	71	50	45	**28**
	均衡因子	0.7982	0.6403	0.5863	**0.4989**
Chess	ACC(%)	97.9524	96.6681	97.1534	**98.6313**
	特征个数	10	9	8	**6**
	均衡因子	0.2983	0.2833	0.2586	**0.1804**
Isolet	ACC(%)	98.5933	99.0333	99.3333	99.3333
	特征个数	190	143	80	**49**
	均衡因子	0.3220	0.2414	0.1363	**0.0861**
Audiology	ACC(%)	98.7112	96.2763	98.1694	**99.0154**
	特征个数	23	27	19	**13**
	均衡因子	0.3462	0.4285	0.2937	**0.1983**
Advertisement	ACC(%)	90.1107	94.3819	94.9675	**98.5329**
	特征个数	220	243	183	**96**
	均衡因子	0.2401	0.2122	0.1678	**0.0763**

最后，MUMDA 算法处理的数据为网络评论数据，研究的目的是判别评论的刻板印象倾向性。一般情况下，评论只有几十个词，有的甚至几个词，这种网络评论所特有的性质使得一些统计量不能起到很好的降维作用，同时，对分

类效果影响也很差。为研究约简的效果和对后续分类准确率的影响，下面选用“5.12”地震后的搜狐网上的评论数据。在中英文两个领域中进行测试比较，验证约简方法的有效性。数据的详细情况如表 4-7 所示：

表 4-7　实验数据集

类别	“5.12”地震网络评论数据		
	数据样本集	训练集	测试集
正例	3173	2500	673
反例	3200	2500	700
总计	6373	5000	1373

在网络评论数据处理中，评论数据都为短文本数据集，利用词频约简对特征属性个数的约简效果较为明显。随着词频选择的变大，在过滤掉噪音的同时，也会使得一些有用的属性信息被剔除出去，因此准确率先增加又随之变小，测试结果如表 4-8 所示。可以看到，在“5.12”地震数据中，属性个数从最初的 9301 到 5239，约有 50%的约简。

表 4-8　特征选择效果

词频选择	属性个数	正确率(%)	精确度(%)	召回率(%)	F1(%)
TF=1	9301	88.27	85.75	91.23	88.41
TF=2	**5239**	**88.42**	**85.99**	**91.23**	**88.53**
TF=3	3811	88.20	85.63	91.23	88.34
TF=4	2990	88.27	85.96	90.94	88.38
TF=5	2471	88.13	85.52	91.23	88.28

本 章 小 结

本章主要研究刻板印象挖掘过程中文本向量空间的高维属性特征选择问题，由于根据生物或社会现象设计智能算法用于解决复杂问题的方法已成为当前研究的热点之一，我们提出了一种基于群体智能算法的约简方法。受社会团体/组织吸纳新人这一现象的启发，对标准 UMDA 进行了改进，提出了 MUMDA 算法，并将其用于解决特征选择问题。首先，详细地对新设计的 MUMDA 的设计思想以及算法流程进行了介绍；其次，简要地介绍了封装算法的组成；然后，利用经典的旅行商问题对 MUMDA 的有效性进行了测试，并将算法用于解决特征选择问题，通过与现有算法的比较，验证了本章算法的有效性。此外，本章还设计了一个新的综合性评价指标——均衡因子，实验结果表明，该指标可以对算法性能进行综合评价，方便了不同算法之间的比较。

第5章　基于粗糙集和改进UMDA的混合特征选择方法

刻板印象挖掘是对新型文本进行研究的崭新的研究领域，由于陈述一般就是文本本身，因此研究的重点是对文本对象的识别和情感分析，但短文本的特性决定了普通文本的分析方法很难有效地应用于解决这个关键技术或者对这个关键技术有所突破。因此，特征选择是有效的数据预处理步骤，可移除不相关和冗余的数据以及噪声，降低数据维数，节约存储空间，在增强数据可读性的同时提高算法学习精确度。特征选择的主要目标是从原始特征集中寻找到一个满足一定标准的最优的特征子集，而可能存在的特征组合有 $2n$ 种之多(假设研究中涉及 n 个特征)，显然通过手工的方式或穷举的方式从众多组合中选取最优解几乎是不可能完成的任务，因此亟需设计一种有效的计算方法从大规模数据中选择出类别相关特征。目前广泛使用的特征选择模型大致分为两种：过滤算法和封装算法。其区别主要在于对特征子集进行评价时是否使用了分类器学习算法，如果使用则为封装算法，否则即为过滤算法。在特征选择中选择了冗余属性或者遗漏了相关特征都会影响后续挖掘算法的性能，封装算法由于引入了分类结果作为评价指标有着比过滤算法更好的性能，但是正是由于学习算法的应用，封装算法在效率上远远不如过滤算法。本章在对上述方法详细分析的基础之上将两者的优点相结合，基于粗糙集理论(Rough Set Theory, RST)和改进的单变量边缘分布估计算法(Improved Univariate Marginal Distribution Algorithms，IUMDA)提出了一种混合特征选择算法(RSTIUMDA)用于解决特征选择问题[151]。

5.1　RSTIUMDA 模型

特征选择(Feature Selection，FS)是选择最优特征子集的过程，即根据一定的评判准则选出最优的一组特征集合，使得分类结果达到和选择前近似或更好的效果[150]。特征选择算法可分为：① 嵌入式算法(Embedded)，选择算法嵌入到学习算法中，如决策树、随机森林等算法；② 过滤算法(Filter)，独立于学习算法，根据数据本身所具有的内部特征对属性的重要度进行度量，常用的评价标准有距离、信息、独立性和连续性等；③ 封装算法(Wrapper)，将学习算法的性能作为特征评价标准，即学习算法与选择算法相辅相成。使用特征选择方法不仅可以提高学习算法的运行效率，而且能够增强学习算法的泛化能力，同时经选择得到的子集更容易理解和解释。

5.1.1　粗糙集理论(RST)

荷兰学者 Pawlak 为处理模糊、不精确和不确定信息，于 1982 年提出了 RST。RST 通过使用现有的知识库来近似不精确或不确定的信息，并依此发现隐藏在数据中的重要信息。事实证明 RST 是解决特征选择问题的有效算法之一，它不需要知道任何附加或先验知识，从而避免了主观性。一般来说，描述数据的属性并不是同等重要的，特征选择要求在保持信息系统分类能力和决策能力不变的条件下，删除不相关或冗余属性[152]。所以国内外众多学者对寻找快速有效的特征选择算法进行了深入研究，而特征选择是 RST 研究的重点内容之一。下面我们对 RST 的基本概念进行了简要介绍。

定义 1　决策表。$S=<U, C\cup\{d\}, v, f>$ 定义为决策表，其中：

$U=\{x_1, x_2, \cdots, x_N\}$是样本集为非空有限集，$N$ 为样本个数。

$C=\{a_1, a_2, \cdots, a_M\}$是条件属性集，$M$ 是条件属性个数。

$\{d\}$ 是决策属性集。

$v=\bigcup_{a\in C\cup\{d\}} v_\alpha$ 是所有属性的值域，v_α 是任意一个属性的值域，其中 $\alpha\in C\cup\{d\}$。

f 是信息函数，定义为 f：$U\times C\cup\{d\}\to v$，将属于样本集 U 中的个体的每一个属性映射到属性值。

定义 2　等价关系和等价类。设置 $P\subseteq C\cup\{d\}$，等价关系定义如下：

$$\mathrm{IND}(P)=\{(x, y)\in U\times U|\forall a\in P, f(x, a)=f(y, a)\} \tag{5-1}$$

$f(x,a)$表示样本 x 在属性 a 上的值，如果 $(x,y)\in\mathrm{IND}(P)$，意味着在属性集 P 中的任意一个属性不可以区分个体 x 和 y。通过等价关系 IND(P)产生的对样本类的一个划分定义如下：

$$U/\mathrm{IND}(P)=\{[x_i]_P : x_i\in U\} \tag{5-2}$$

其中，$[x_i]_P$ 是包含 x_i 的等价类。通过属性集 P 不能辨别$[x_i]_P$ 中的所有元素，不可辨别关系是 RST 的数学基础。

定义 3　划分。集合 U 的子集为 $\Pi=\{X_i|X_i\subseteq U,\ i=1,2,\ \cdots,\ k\}$，若满足如下条件，则称 Π 是集合 U 的划分：

若 $i\neq j$，则

$$X_i\cap X_j=\varnothing$$

$$\bigcup_{i=1}^{k}X_i=U$$

同一个集合存在多个划分，划分中的元素 X_i 是集合 U 的子集。

定义 4　下近似和上近似。对于任意集合 $X\in U$ 和 $P\in C$，关于 P 的上近似和下近似分别定义如下：

$$\underline{P}X=\bigcup\{[x_i]_P\mid[x_i]_P\subseteq X\} \tag{5-3}$$

$$\overline{P}X=\bigcup\{[x_i]_P\mid[x_i]_P\cap X\neq\varnothing\} \tag{5-4}$$

全集 U 被划分为三个不同的区域：正域、负域和边界区域。P，$Q\subseteq C\bigcup\{d\}$ 是 U 上的等价关系。

$$\mathrm{POS}_P(Q)=\bigcup_{X\in U/Q}\underline{P}X \tag{5-5}$$

$$\mathrm{NEG}_P(Q)=U-\bigcup_{X\in U/Q}\overline{P}X \tag{5-6}$$

$$\mathrm{BND}_P(Q)=\bigcup_{X\in U/Q}\overline{P}X-\bigcup_{X\in U/Q}\underline{P}X \tag{5-7}$$

正域的意思是依照属性集 P 集合 X 确定划分在 U/Q 内，负域的意思是依照属性集 P 集合 X 确定不属于 U/Q 内，RST 的边界域 $\mathrm{BND}_P(Q)$表示可能属于 U/Q 的数据组成且不能为空集。

定义 5　属性依赖度。集合 D_k 度依赖于集合 C 定义如下：

$$k=\gamma_C(D)=|\mathrm{POS}_C(D)|/|U| \tag{5-8}$$

如果 $k=1$ 表明集合 D 完全依赖于集合 C；$0<k<1$ 表示集合 D 部分依赖于集合 C；$k=0$ 表示集合 D 和集合 C 相互独立。

定义 6　属性重要度。a_i 关于集合 D 的属性重要度定义为：

$$\mathrm{SIG}(a_i,C,D)=\gamma_C(D)-\gamma_{C-\{a_i\}}(D) \tag{5-9}$$

即属性 a_i $(a_i\in C)$的重要度表示为删除 a_i 将导致依赖关系变化的多少。

5.1.2 IUMDA

当使用 UMDA 时，种群多样性的缺失(尤其是在进化后期)是算法陷入局部最优的主要原因之一。因此，我们提出了一种新的 UMDA(即 IUMDA)用于克服标准 UMDA 的不足，IUMDA 与原算法的不同之处在于每一代选择的优势个体的数目(N_s)是动态变化的而不是固定不变的，其定义如下：

$$N_s = (N_{\max} - N_{\min}) \times \frac{\text{iter}}{\text{iter}_{\max}} + N_{\min} \tag{5-10}$$

式中 iter 表示当前迭代次数；$\text{iter}_{\max}$ 表示算法最大迭代次数；$N_{\max}$ 和 $N_{\min}$ 分别用于表示可选择优势个体数目的上、下界。使用该策略算法在进化初期选择的优势个体较少，这样可使种群快速地向优势个体靠拢，即在进化初期收敛速度较快；在进化后期由于选择了较多的个体作为优势个体，从而尽可能大地保持种群的多样性。

5.1.3 RSTIUMDA 算法描述

在特征选择过程中遗漏相关特征或者选择冗余特征都会对学习算法的性能造成影响。由于引入了分类结果作为衡量指标，封装算法有着比过滤算法更好的性能，但是由于学习算法的应用，封装算法在时间效率上远远不如过滤算法[153]。为了同时具备速度快、效率高的特性，将这两种特征选择策略相结合是一种常用的方法，已有一些学者在这方面进行了研究[154]。然而，大部分算法在设计过程中将两者割裂开来，即认为过滤部分和封装部分是相互独立的，除了根据所选择算法自身的衡量标准删除掉部分冗余特征之外，过滤部分没有再对算法整体作任何贡献，后续封装算法依然存在时间效率低下等问题。因此，本章设计了一种混合特征选择算法(RSTIUMDA，将粗糙集算法与 IUMDA 相结合)，用于克服上述不足。RSTIUMDA 算法由两个主要部分组成：

(1) 粗选阶段，由粗糙集产生初步候选特征子集；

(2) 细选阶段，用 IUMDA-SVM 方法进一步选择类别状态关联特征，其中将 RST 计算得到的条件属性重要度用作 IUMDA 的初始概率，将封装和过滤两个部分通过属性重要度有机地结合起来，并以此加快封装算法的收敛速度。

此外，由于 RST 只能处理离散型的数据，因而如果所使用的数据集中包含有连续属性，则使用本书第 2 章算法对其进行离散化处理，离散化算法的详细过程见第 2 章。本章提出的 RSTIUMDA 算法的主要步骤以及流程图分别见算法 5.1 和图 5-1。本算法的停止条件是达到设置的最大迭代次数或连续五代算法适应度函数不发生变化。

算法 5.1　RSTIUMDA 特征选择算法

步骤 1　输入原始决策表 $S=<U, C\cup\{d\}, v, f>$；

步骤 2　若原始决策表 S 包含连续数据，需要对其进行离散化处理生成离散决策表 $S^p=<U, C\cup\{d\}, v^p, f^p>$；

步骤 3　用式(5-9)计算每一个条件属性的重要度；

步骤 4　依据属性重要度对特征进行排序，删除掉不重要的特征；

步骤 5　设置 IUMDA 种群大小为 W，最大循环代数为 T；

步骤 6　依照初始概率(依照 RST 计算的属性重要度)产生初始种群；

步骤 7　解码每一个个体得到相应的 SVM 参数以及特征子集；

步骤 8　依照式(3-8)计算适应度函数；

步骤 9　按照式(5-10)选择 N_s 个个体作为优势种群 D_{t-1}^{sel}，设置 $t=t+1$；

步骤 10　依据式(2-2)计算联合概率分布 $P_t(x)$；

步骤 11　依照 $P_t(x)$采样产生 $W-N_s$ 个新个体；

步骤 12　判断算法是否满足停止条件，满足则算法停止，输出适应度函数值最大的个体；否则返回步骤 7。

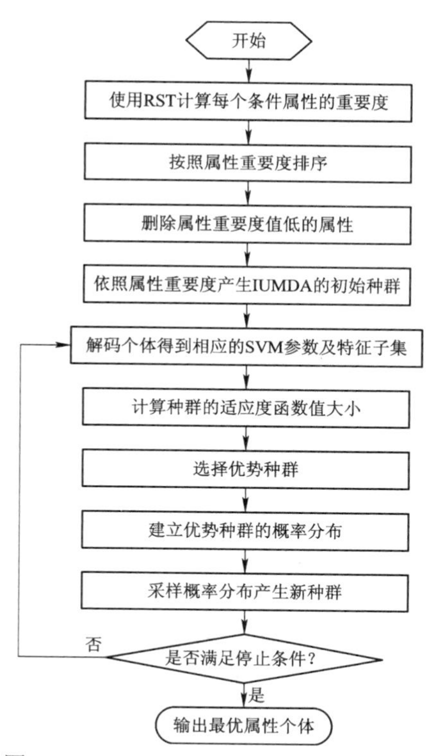

图 5-1　RSTIUMDA 特征选择算法流程图

5.2 编码问题的研究

如何对特征序列进行表示(即编码)，从而有效地对各种信息进行描述也是一个很重要的问题，但是现在很少有学者致力于这方面的研究。目前大多数研究都是将测量值直接用于特征的表示，然而这种编码方式却不足以反映各个特征所包含的丰富的信息以及特征之间的差异性。因此，本章提出一种新的编码方式，并通过实验分析了这种编码方式的特点以及对算法性能的影响。之前许多的研究都是基于特征在不同类别样本中统计信息的差值进行的，即比较各特征取值的分布，结果表明特征在不同类别样本中统计信息的差值还是明显存在的。基于上述事实，本章提出了一种基于分布信息的编码方式，如式(5-11)所示。

$$M_{ij}^{*}=\ln(p_j(S_{kj}\mid c_t))\times M_{ij} \tag{5-11}$$

其中，$p_j(S_{kj}\mid c_t)$ 表示特征 S_{kj} 在 c_t 类中的分布信息，M_{ij} 表示原始特征，M_{ij}^{*} 表示新的特征编码。

5.3 实验结果

本节首先对 IUMDA 算法的性能进行了测试，然后再将 IUMDA 算法用于解决特征选择问题，在实验的所有表格中最优值加粗表示。

5.3.1 IUMDA 有效性测试

为了验证 IUMDA 算法的性能，我们将其在经典组合优化问题——装箱问题(Bin Packing Problem，BPP)上进行了测试。BPP 可以描述为：给定一组有限数量的物品以及数量足够多的容量为 C 的箱子，BPP 就是要寻找一种方法，使得能以最小数量的箱子将全部物品装入箱内。本章中我们的目标是将 m 个体积为(0，1)范围内随机数的物品装进容积为 1 的箱子内，这里我们选择了三组参数：(1) $m=100$；(2) $m=500$；(3) $m=1000$。表 5-1 给出了三种常用经典进化算法(BPSO、GA 和 UMDA)以及本章提出的改进算法(IUMDA)在这三个 BPP 例子上的测试结果。结果表明，我们的算法是最有效的一种方法，即使在较为复杂的情况下($m=1000$)，其依旧取得了不错的结果。

表 5-1 三种算法在三个 BPP 例子上的测试结果

数据集	BPSO	GA	UMDA	IUMDA
VR100	36	39	36	**35**
VR500	188	183	181	**175**
VR1000	426	420	415	**397**

5.3.2 特征选择实验数据

为验证混合特征选择算法的有效性，我们选取了 UCI 数据库中的八个数据集对其进行测试，数据集的详细信息如表 5-2 所示。本章实验中种群个数设置为 50，循环迭代次数设置为 200。此外，本章依旧沿用前四章中的预测精度、被选特征数目以及均衡因子作为评价指标。

表 5-2 本章实验数据集的详细信息描述

数据集	条件属性个数	样本个数	类别
Mushroom	22	8124	2
Splice	60	3190	3
Wine	13	178	3
Isolet	617	1200	4
Breast	31	569	2
Spambase	57	4601	2
Arrhythmia	279	452	16
COIL2000	85	9000	2

5.3.3 实验结果及分析

首先，我们在八个数据集上测试了不同的编码方式对于混合特征选择算法性能的影响，结果如表 5-3 所示。从表中可以看出，我们提出的基于分布信息的编码方法在大多数数据集上均取得了较好的结果，由于其统计了各个特征在不同位置上的分布信息，相当于给每个位置上的特征都赋予了一个类别权重信息，并且该信息对算法的性能产生了直接的影响。此外，由于对数操作的引入更加深了对稀有特征的权重，因为稀有特征有可能对类别信息有着重要影响。因此，这种编码法能够携带更多的信息，更能准确地反映不同类别样本间的差别。

表 5-3 两种编码方式在八个数据集上的测试结果

数据集	Encoding	预测精度(%)	特征个数	均衡因子
Mushroom	传统编码法	98.1473	**3**	0.1549
	基于分布信息的编码	**99.3348**	**3**	**0.1430**
Splice	传统编码法	**92.8750**	10	0.2379
	基于分布信息的编码	92.8624	**6**	**0.1714**
Wine	传统编码法	**100**	7	0.5385
	基于分布信息的编码	**100**	**5**	**0.4260**
Isolet	传统编码法	98.7500	62	0.1130
	基于分布信息的编码	**99.3333**	**43**	**0.0764**
Breast	传统编码法	77.3568	18	0.8071
	基于分布信息的编码	**78.1716**	**8**	**0.4763**
Spambase	传统编码法	90.7966	17	0.3903
	基于分布信息的编码	**91.9688**	**10**	**0.2558**
Arrhythmia	传统编码法	76.9718	11	0.2697
	基于分布信息的编码	**85.2432**	**8**	**0.1762**
COIL2000	传统编码法	95.2691	**9**	**0.1532**
	基于分布信息的编码	**94.8966**	10	0.1687

其次，为了说明特征选择对于研究的重要性，我们将 RSTIUMDA 算法和 SVM(全部特征用于算法的输入，即不使用任何特征选择算法)进行了比较，结果见表 5-4。从表中可以看出，经特征选择所获得的结果比未进行特征选择的结果有着明显的提升，在一些数据集上仅仅使用了不到一半的特征，预测精度却提高了 10%以上。这些结果一方面说明了特征选择算法是十分重要的，也就是说删除冗余信息对学习算法是有益的；另一方面也证明了并不是所有特征与类别信息都紧密相关。

表 5-4 特性选择算法对结果的影响

数据集	算法	预测精度(%)	特征个数	均衡因子
Mushroom	SVM	95.7787	22	1.0422
	RSTIUMDA	**99.3348**	**3**	**0.1430**
Splice	SVM	85.0313	60	1.1496
	RSTIUMDA	**92.8624**	**6**	**0.1714**

续表

数据集	算法	预测精度(%)	特征个数	均衡因子
Wine	SVM	89.4444	13	1.1056
	RSTIUMDA	**100**	**5**	**0.4260**
Isolet	SVM	98.0833	617	1.0192
	RSTIUMDA	**99.3333**	**43**	**0.0764**
Breast	SVM	67.9877	31	1.3201
	RSTIUMDA	**78.1716**	**8**	**0.4763**
Spambase	SVM	81.4565	57	1.1854
	RSTIUMDA	**91.9688**	**10**	**0.2558**
Arrhythmia	SVM	68.9016	279	1.1311
	RSTIUMDA	**85.2432**	**8**	**0.1762**
COIL2000	SVM	81.3401	85	1.1866
	RSTIUMDA	**94.8966**	**10**	**0.1687**

第三，为了验证 RSTIUMDA 混合算法的有效性，我们将其中用到的各种特征选择算法在上述八个数据集上进行了测试，结果如表 5-5 所示。从表中我们可以看出各特征选择方法单独使用时所得到的结果都不是很理想，但是封装算法由于学习机制的引入依然取得了比过滤方法更好的结果。此外，混合特征选择方法比其他特征选择方法单独使用的结果有着明显的提升，在均衡因子这一衡量指标上混合特征选择算法在所有数据集上均取得了最好的结果，这也就是说该算法相比于其他几种方法能够选择出与类别更加相关的特征。此外，该结果也证明了将两种选择策略相结合的有效性。

表 5-5　不同的特征选择算法对于结果的影响

数据集	算法	预测精度(%)	特征个数	均衡因子
Mushroom	RST	98.0547	8	0.3831
	IUMDA	99.1803	4	0.1900
	RSTIUMDA	**99.3348**	**3**	**0.1430**
Splice	RST	86.1403	19	0.4553
	IUMDA	90.7594	**6**	0.1924
	RSTIUMDA	**92.8624**	**6**	**0.1714**
Wine	RST	96.9764	6	0.4918
	IUMDA	**100**	6	0.4615
	RSTIUMDA	**100**	**5**	**0.4260**

续表

数据集	算法	预测精度(%)	特征个数	均衡因子
Isolet	RST	99.1667	206	0.3422
	IUMDA	**99.3333**	67	0.1153
	RSTIUMDA	**99.3333**	**43**	**0.0764**
Breast	RST	72.9837	12	0.6573
	IUMDA	77.4122	**8**	0.4839
	RSTIUMDA	**78.1716**	**8**	**0.4763**
Spambase	RST	90.3954	16	0.3767
	IUMDA	**92.2879**	**10**	**0.2526**
	RSTIUMDA	91.9688	**10**	0.2558
Arrhythmia	RST	71.9576	21	0.3557
	IUMDA	79.0144	10	0.2457
	RSTIUMDA	**85.2432**	**8**	**0.1762**
COIL2000	RST	87.6121	25	0.4180
	IUMDA	94.2268	12	0.1989
	RSTIUMDA	**94.8966**	**10**	**0.1687**

本章提出的过滤封装混合算法中，RST 为后续 IUMDA 提供初始种群产生的概率，因而不影响算法的整体收敛性。IUMDA 是在标准 UMDA 中推导而来，仅对精英保留策略进行了改动，动态的改变每一代中所选择优势种群的个数，因而没有对标准 UMDA 框架产生影响，因此并未影响算法收敛性。表 5-6 给出了标准 UMDA 算法以及 RSTIUMDA 算法的收敛代数(即适应度函数不再发生变化)的比较，从表中我们可以看出 RSTIUMDA 算法均优于标准 UMDA 算法，即收敛速度更快，这是由于以下原因造成的：(1) RST 的使用在算法初期删除部分冗余信息，减小了数据规模，减小了后续封装算法的搜索空间；(2) IUMDA 算法的初始概率由 RST 确定，相当于有了一定的先验知识，进一步增加了算法收敛的速度；(3) IUMDA 初期选择的优势个体较少，加快了种群向优势个体靠拢的速度。正是由于以上原因，RSTIUMDA 算法相比于 UMDA 有更快的收敛速度和更好的性能。图 5-2 给出了两种算法在 Splice 数据集上适应度函数随进化代数的变化情况的比较，从图中可以看出由于属性重要度的引入，RSTIUMDA 算法在初始阶段就比 UMDA 有一定的优势，其次由于动态选取优势种群的设计，使得 RSTIUMDA 算法能够具有更快的收敛速度，从算法最终收敛情况来看，RSTIUMDA 算法性能要明显优于比较算法。

表 5-6 收敛代数的比较

Datasets	UMDA	RSTIUMDA
Mushroom	123	**80**
Splice	26	**15**
Wine	**19**	**19**
Isolet	64	**37**
Breast	24	**19**
Spambase	29	**21**
Arrhythmia	68	**48**
COIL2000	81	**64**

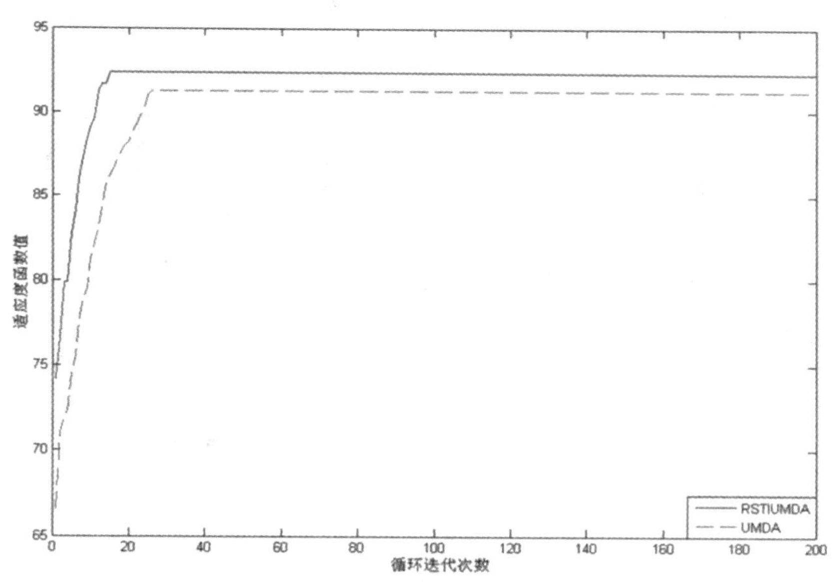

图 5-2 Splice 数据集在两种算法上适应度函数随进化代数变化情况的比较

第四，为了进一步验证 RSTIUMDA 算法的有效性，我们将其与已发表的三种混合特征选择算法 (WFFSA-R[155]，MR-ANNIGMA[156] 和 Superreduct-Wrapper[157]) 在八个数据集上的结果进行了比较，其中 WFFSA-R 算法是基于 memetic 框架结合局部搜索和遗传算法的混合特征选择算法；MR-ANNIGMA 算法是结合了基于互信息的最大相关性过滤排列名次和基于增益量测近似输入的人工神经网络封装排名的特征选择算法；Superreduct-Wrapper 算法使用互信息和变精度粗糙集作为过滤部分，然后根据分类精确度通过序列后向消除法进行特征选择。图 5-3、图 5-4 和图 5-5 分别给出了本章提出的算法和其他三种算法在分类精确度、属性个数和均衡因子三种评价指标下比较的柱状图。从图中可以看出，RSTIUMDA 算法在七个数据集上获得了最高的分类精确度，虽然与 Superreduct-Wrapper 算法所取得的结果相差不是特别大，但是在八个数据集上RSTIUMDA算法均选择了最少的属性个数，即相比于其他算法RSTIUMDA算法可以大幅地降低属性个数，同时提高分类精确度，因而在均衡因子这一评价指标上取得了更好的结果，所以说 RSTIUMDA 算法相比于其他几种方法更适合于解决特征选择问题。

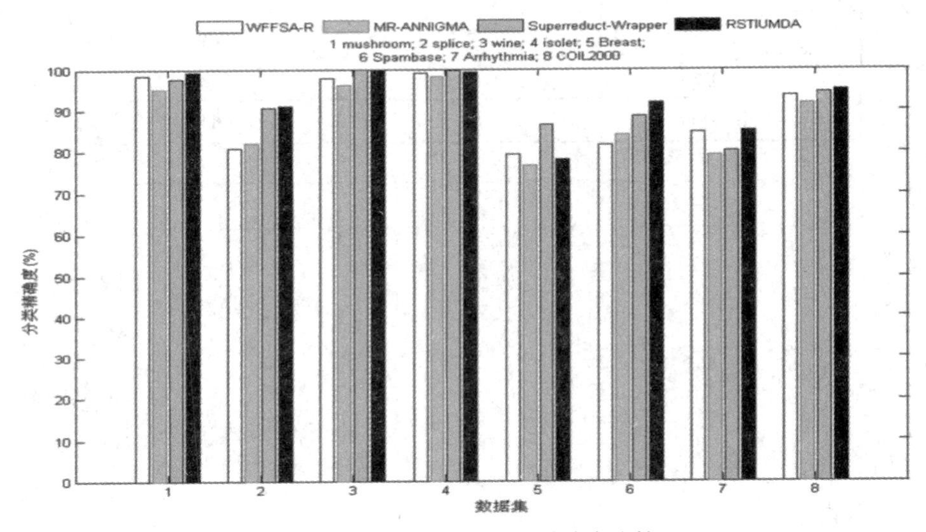

图 5-3　四种算法的分类精确度比较

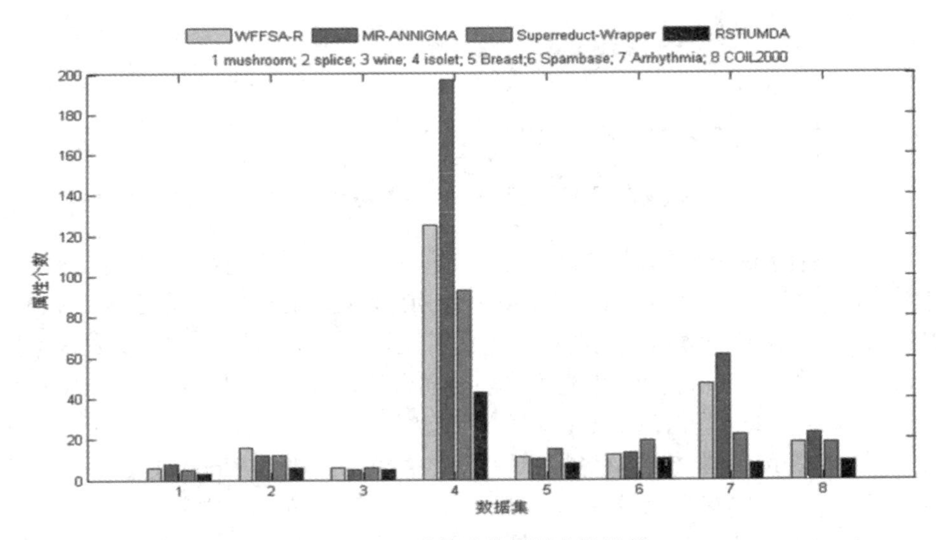

图 5-4　四种算法的属性个数比较

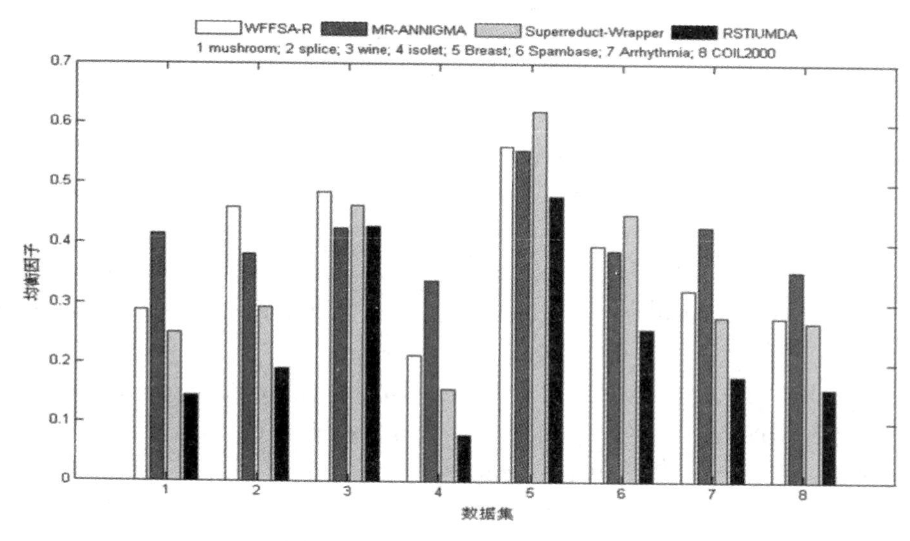

图5-5 四种算法的均衡因子比较

本章小结

基于文本分析的刻板印象挖掘研究中数据预处理是关键性环节，其性能好坏直接决定后续研究的成败。过滤算法和封装算法是特征选择领域常用的两种有效的方法，然而他们却各自存在一定的不足。本章首先将两者相结合，提出了一个混合特征选择算法RSTIUMDA，算法过滤部分使用RST，其目的是减小数据维数，算法封装部分提出了一个改进的UMDA用于克服原有算法的不足。与传统混合算法不同之处在于新算法的初始概率由RST产生，即通过属性重要度将两个部分有机的结合起来；其次本章还对特征编码方式进行了初探，设计了一种基于特征分布的编码方法，实验结果证明了这种编码方式明显优于传统方法，更能精确地反映样本间的差别；最后通过一系列实验证明了本章算法可以有效地缩减数据维数、加快收敛速度并且提高分类精确度。

参 考 文 献

[1] 张武桥. 网络舆论引导体制机制研究[D]. 武汉：华中师范大学, 2016.

[2] WANG X Z，LUO X F，LIU H M. Measuring the veracity of web event via uncertainty[J]. Journal of Systems And Software, 2015. 102(4): 226-236.

[3] LARSSON A O. Online, all the time? A quantitative assessment of the permanent campaign on Facebook[J]. New Media & Society, 2016. 18(2): 274-292.

[4] FLORIAN A, TEMPLE N. Effects of Long-Term Exposure to News Stereotypes on Implicit and Explicit Attitudes[J]. International Journal of Communication, 2015. 9(1): 2370-2390.

[5] 喻丰，彭凯平，郑先隽. 大数据背景下的心理学:中国心理学的学科体系重构及特征[J]. 科学通报, 2015. 60(5): 520-533.

[6] CZOPP A M, KAY A C , CHERYAN S. Positive Stereotypes Are Pervasive and Powerful[J]. Perspectives on Psychological Science, 2015. 10(4): 451-463.

[7] FLORIAN A. Dose-Dependent Media Priming Effects of Stereotypic Newspaper Articles on Implicit and Explicit Stereotypes[J]. Journal of Communication, 2016. 63(5): 830-851.

[8] WILLIAMS K, SNG O, NEUBERG S, et al. Ecology-driven stereotypes override race stereotypes[J]. Proceedings Of the National Academy Of Sciences Of the United States Of America, 2016. 113(2): 310-315.

[9] WANG X, SHANG P, HUANG J, et al. Data discretization for the transfer entropy in financial market[J]. Fluctuation and Noise Letters, 2013. 12(4): 241-463.

[10] COLIN B, DUBEAU F, KHREIBANI H, et al. Optimal quantization of the support of a continuous multivariate distribution based on mutual information[J]. Journal of Classification, 2013. 30(3): 453-473.

[11] WANG T, FAN L, WANG D, et al. Research on machine learning classifier based on multi-objective genetic algorithm[J]. Journal of Convergence Information Technology, 2013. 8(6): 572-580.

[12] JIN R , BREITHBART Y , MUOH C. Data discretization unification[J]. Knowledge and Information Systems, 2009. 19(1): 1-29.

[13] SANG Y , JIN Y , LI K , et al. UniDis: a universal discretization technique. Journal of Intelligent[J] Information Systems, 2013. 40(2): 327-348.

[14] JUNG Y G, KIM K M, KWON Y M. Using weighted hybrid discretization method to analyze climate changes[J]. Computer Applications for Graphics, Grid Computing, and Industrial Environment, 2012. 351: 189-195.

[15] 王举范，陈卓. 基于信息熵的粗糙集连续属性多变量离散化算法[J]. 青岛科技大学学报(自然科学版), 2013. 34(4): 423-426.

[16] SU C T, HSU J H. An extended Chi2 algorithm for discretization of real value attributes[J]. IEEE Transactions on Knowledge & Data Engineering, 2005, 17(3): 437 - 441.

[17] 闫德勤，张丽平. 连续属性离散化得 Integral Chi2 算法[J]. 小型微型计算机系统, 2008. 29(4): 691-693.

[18] 桑雨，闫德勤，梁宏霞. 对 chi2 系列算法的改进方法[J]. 小型微型计算机系统, 2009. 30(3): 524-529.

[19] 吴育锋. 统计独立性的离散化新方法[J]. 计算机应用与软件, 2012. 29(4): 249-252.

[20] 桑雨，李可秋，闫德勤. 基于改进χ^2统计的数据离散化算法[J]. 大连理工大学学报, 2012. 52(3): 443-447.

[21] 单桂军，胡伟. 基于连续数据量化的声纳传感器数据识别方法[J]. 科学技术与工程, 2013. 13(22): 6605-6609.

[22] KAOUNGKU N, CHINTHAISONG P, KERDPRASOP K, et al. Discretization and imputation techniques for quantitative data mining[J]. Lecture Notes in Engineering & Computer Science, 2013.

[23] KURGAN L A, CIOS K J. CAIM discretization algorithm[J]. IEEE Transactions on Knowledge and Data Engineering, 2004. 16(2): 145-153.

[24] TSAI C J, LEE C I, YANG W P, A discretization algorithm based on class-attribute contingency coefficient[J]. Information Sciences, 2008, 178(3): 714-731.

[25] GE J Q, XIA Y N, TU Y C. A discretization algorithm for uncertain data[C]. 21st International Conference on Database and Expert Systems Applications, 2010: 485-499.

[26] 解亚萍. 基于统计相关系数的数据离散化方法[J]. 计算机应用与软件, 2011. 31(5): 1409-1412.

[27] 周世昊，倪衍森. 基于类-属性关联度的启发式离散化技术[J]. 控制与决策, 2011. 26(10): 1504-1510.

[28] LUO J, XUE Q, TANG Z W. Research on attribute discretization for combat simulation data[J]. Computer Simulation, 2013. 30(9): 26-29.

[29] 王杰，姜国强. 新的基于最近邻聚类的属性离散化算法[J]. 计算机工程与应用, 2009. 45(24): 40-42.

[30] 李鑫. 改进的模糊 C 均值聚类与连续属性离散化算法研究[D]. 太原：太原科技大学, 2011.

[31] LIU A Q, LI X, ZHANG J F. A soft partition discretization algorithm based on fuzzy clustering[C]. 9th International Conference on Fuzzy Systems and Knowledge Discovery, Chongqing, China. 2012: 419-423.

[32] 龚胜科，徐浩军，贾联慧. 基于粗糙集和模糊 C 均值聚类的空战效能评估[J]. 数学的实践与认识, 2013. 43(19): 118-122.

[33] ZHAO H R, YUAN H, BANG C W. A heuristic genetic algorithm for continuous attribute discretization in rough set theory[J]. Advanced Materials Research, 2011. 211(132): 211-212.

[34] SHANG L, YU S Y, JIA X Y, et al. Selection and optimization of cut-points for numeric attribute values[J]. Computers & Mathematics with Applications, 2009. 57(6): 1018-1023.

[35] YANG G J. Mining association rules from data with hybrid attributes based on immune genetic algorithm[C]. 7th International Conference on Fuzzy Systems and Knowledge Discovery, 2010: 1446-1449.

[36] CHOI Y S, MEMBER, MOON B R. Feature selection in genetic fuzzy discretization for the pattern classification problems[J]. Ieice Transactions on Information and Systems, 2007. 90(7):1047-1054.

[37] CADENAS J M, GARRIDO M C, MARTINEZ R, et al. OFP_CLASS: a hybrid method to generate optimized fuzzy partitions for classification[J]. Soft Computing, 2012. 16(4): 667-682.

[38] 许磊，张凤鸣，靳小超. 基于小生境离散粒子群优化的连续属性离散化算法[J]. 数据采集与处理, 2008. 23(5): 584-588.

[39] SAMEON D F, SHAMSUDDIN S M, SALLEHUDDIN R, et al. Compact classification of optimized Boolean reasoning with Particle Swarm Optimization[J]. Intelligent Data Analysis, 2012. 16(6): 915-931.

[40] 杨成东.决策系统约简的粗糙集方法研究[D]. 哈尔滨：哈尔滨工程大学, 2011.

[41] ZHU Y, ZHU X, JING W. Ensemble learning-based intelligent fault diagnosis method using feature partitioning[J]. Journal of Vibroengineering, 2013. 15(3): 1378-1392.

[42] MAJI P, GARAI P. On fuzzy-rough attribute selection: Criteria of max-

dependency, max-relevance, min-redundancy, and max-significance[J]. Applied Soft Computing, 2013. 13(9): 3968-3980.

[43] KAYA Y, UYAR M. A hybrid decision support system based on rough set and extreme learning machine for diagnosis of hepatitis disease[J]. Applied Soft Computing, 2013. 13(8): 3429-3438.

[44] DONG Y, XIANG B G, GENG Y, et al. Rough set based wavelength selection in near-infrared spectral analysis[J]. Chemometrics and Intelligent Laboratory Systems, 2013. 126(126): 21-29.

[45] PARTHALAIN M, JENSEN R. Unsupervised fuzzy-rough set-based dimensionality reduction[J]. Information Sciences, 2013. 229: 106-121.

[46] YANG T, LI Q G, ZHOU B L. Related family: A new method for attribute reduction of covering information systems[J]. Information Sciences, 2013. 228: 175-191.

[47] CHEN D G, WANG C Z, HU Q H. A new approach to attribute reduction of consistent and inconsistent covering decision systems with covering rough sets[J]. Information Sciences, 2007. 177(17): 3500-3518.

[48] OZGE UNCU，TURKSEN I B. A novel feature selection approach: Combining feature wrappers and filters[J]. Information Sciences, 2007. 177(2): 449-466.

[49] POLAT K, KARA S, GUNES S, et al. Usage of class dependency based feature selection and fuzzy weighted pre-processing methods on classification of macular disease[J]. Expert Systems with Applications, 2009. 36(2): 2584-2591.

[50] 杨明. 一种基于一致性准则的属性约简算法[J]. 计算机学报, 2010. 33(2): 231-239.

[51] OZTURK O, AKSAC A, ELSHEIKH A, et al. A consistency-based feature selection method allied with linear SVMs for HIV-1 protease cleavage site prediction[J]. Plos One, 2013. 8(8).

[52] 陈万松, 赵雷. 一种新的基于属性相关性的数据流特征选择算法的研究[J]. 计算机应用与软件, 2012. 29(2): 254-257.

[53] 周城, 葛斌, 唐九阳. 基于相关性和冗余度的联合特征选择方法[J]. 计算机科学, 2012. 39(4): 181-184.

[54] 苑玮琦, 荆澜涛, 林森. 基于分类区分度和相关性的手形特征选择方法[J].仪器仪表学报, 2013. 34(8): 1787-1794.

[55] 刘华文. 基于信息熵的特征选择算法研究[D]. 长春: 吉林大学, 2010.

[56] LI B, TOMMY C. A novel feature selection method and its application[J]. Journal of Intelligent Information Systems, 2013. 41(2): 235-268.

[57] LIU H W, SUN J G, LIU L. Feature selectionwith dynamicmutual information [J]. Pattern Recognition, 2009. 42: 1330-1339.

[58] XU J C, SUN L. Knowledge entropy and feature selection in incomplete decision systems[J]. Applied Mathematics & Information Sciences, 2013. 7(2): 829-837.

[59] SUN L, XU J C. Feature selection using mutual information based uncertainty measures for tumor classification[J]. Bio-Medical Materials and Engineering, 2013. 23(0): S783-790.

[60] 朱颢东，钟勇. 基于类别相关性和交叉熵的特征选择方法[J]. 郑州大学学报(理学版), 2010. 42(2): 61-65.

[61] 崔潇潇，王贵锦，林行刚. 基于 Adaboost 权值更新以及 K-L 距离的特征选择算法[J]. 自动化学报, 2009. 35(5): 462-468.

[62] CADENAS J M, GARRIDO M C, MARTINEZ R. Feature subset selection Filter-Wrapper based on low quality data[J]. Expert Systems with Applications, 2013. 40(16): 6241-6252.

[63] MOUSTAKIDIS S P, THEOCHARIS J B. A fast SVM-based wrapper feature selection method driven by a fuzzy complementary criterion[J]. Pattern Analysis and Applications, 2012. 15(4): 379-397.

[64] VIEIRA S M, SOUSA J M C, UZAY K. Fuzzy criteria for feature selection [J]. Fuzzy Sets and Systems, 2012. 189(1): 1-18.

[65] TSANG E C C, YEUNG D S WANG X Z. OFFSS: Optimal fuzzy-valued feature subset selection[J]. IEEE Transactions on Fuzzy Systems, 2003. 11(2):202-213.

[66] ANARAKI J R, EFTEKHARI M. Improving fuzzy-rough quick reduct for feature selection[C]. 9th Iranian Conference on Electrical Engineering, Beijing,China. 2011. 6.

[67] SUEBSING A. HIRANSAKOLWONG N, Euclidean-based Feature Selection for Network Intrusion Detection[J]. Liverpool: World Acad Union-World Acad Press, 2009.

[68] 秦奇伟，梁吉业，钱宇华. 一种基于邻域距离的聚类特征选择方法[J]. 计算机科学, 2012. 39(1): 175-177.

[69] LEE Y J,CHANG C C,CHAO C H. Incremental forward feature selection with application to microarray gene expression data[J]. Journal of

Biopharmaceutical Statistics, 2008. 18(5): 827-840.

[70] LIANG J N,SU Y, WANG Y Y. An optimal feature subset selection method based on distance discriminant and distribution overlapping[J]. International Journal of Pattern Recognition and Artificial Intelligence, 2009. 23(8): 1577-1597.

[71] BING L, TIAN S L, WANG H J. Feature vector selection method using mahalanobis distance for diagnostics of analog circuits based on LS-SVM[J]. Journal of Electronic Testing-Theory and Applications, 2012. 28(5): 745-755.

[72] YIN L Z, GE Y, XIAO K L, et al. Feature selection for high-dimensional imbalanced data[J]. Neurocomputing, 2013. 105: 3-11.

[73] Cai S M, Zhang R Q, Yuan H. Method on feature selection of hyperspectral images based on bhattacharyya distance[J]. World Scientific and Engineering Acad and Soc, 2009.

[74] LIAO B, LI X, LUO J W, et al. A novel method for feature gene selection based on geodesic distance[J]. Journal of Computational and Theoretical Nanoscience, 2010. 7(6): 1051-1054.

[75] 陈红. 相关性分析及蚁群优化算法用于脉搏信号的情感识别研究[D]. 重庆: 西南大学, 2012.

[76] 张家柏, 王小玲. 基于聚类和二进制 PSO 的特征选择[J]. 计算机技术与发展, 2010. 20(6): 25-28.

[77] STEVANOVIC A, BING X, MENGJIE Z. Feature selection based on PSO and decision-theoretic rough set model[C]. IEEE Congress on Evolutionary Computation, Cancun, Mexico. 2013: 2840-2847.

[78] CERVANTE L, BING X, LIN S, et al. A multi-objective feature selection approach based on binary PSO and rough set theory[C]. 13th European Conference on Evolutionary Computation in Combinatorial Optimization, 2013: 25-36.

[79] DING W P, WANG J D. A novel approach to minimum attribute reduction based on quantum-inspired self-adaptive cooperative co-evolution[J]. Knowledge- Based Systems, 2013. 50: 1-13.

[80] YE D, CHEN Z, MA S. A novel and better fitness evaluation for rough set based minimum attribute reduction problem[J]. Information Sciences, 2013. 222: 413-423.

[81] 王丽萍. 基于动态分配邻域策略的分解多目标进化算法[J]. 浙江工业大学学报, 2021. 49(03): 237-244.

[82] LIU T R. An incremental-learning model-based multiobjective estimation of distribution algorithm[J]. Information Sciences, 2021. 569: 430-449.

[83] MARTINS M, YAFRANI M E, DELGADO M, et al. Analysis of Bayesian Network Learning Techniques for a Hybrid Multi-objective Bayesian Estimation of Distribution Algorithm: a case study on MNK Landscape[J]. Journal of Heuristics, 2021: 1-25.

[84] ZHAO J, HAN C Z , WEI B , et al. A novel Univariate Marginal Distribution Algorithm based discretization algorithm[J]. Statistics & Probability Letters, 2012, 82(11):2001–2007.

[85] 中华人民共和国国家卫生与计划生育委员会, 成人体重判定, 2013, 中国标准出版社: 北京.

[86] TIAN P, ZHANG L. Big data mining based Coordinated control discrete algorithm of independent micro grid with PV and energy[J]. Microprocessors and Microsystems, 2021. 82: 103808.

[87] 徐东. 一种基于森林优化的粗糙集离散化算法[J]. 西北工业大学学报, 2020. 38(02): 434-441.

[88] 张永. 铁路旅客列车客座率分类及预测模型研究[J]. 铁道运输与经济, 2018. 40(03): .39-45.

[89] 梁镜. 声学回波统计的鱼群密度评估方法[J]. 应用声学, 2019. 38(02): 279-286.

[90] 赵海心. 基于核密度估计的旋转机械损伤贝叶斯智能评价方法[J]. 风机技术, 2020. 62(03): 69-76.

[91] 朱光婷. 网络舆情危机评价指标的一种约简方法[J]. 重庆科技学院学报(自然科学版), 2021. 23(01): 91-95.

[92] 徐东. 一种基于森林优化的粗糙集离散化算法[J]. 西北工业大学学报, 2020. 38(02): 434-441.

[93] WEI B, ZHONG W D, ZHAO J. Identification of Combination of SNPs Associated with Crohn's Disease Using a Balanced Univariate Marginal Distribution Algorithm[C]// 2017 4th International Conference on Information Science and Control Engineering (ICISCE). IEEE Computer Society, 2017.

[94] LIBSVM: a library for support vector machines[CP/OL]. http://www.csie.ntu.edu.tw/~cjlin/libsvm/.

[95] BLAKE C L, MERZ C J. UCI Repository of machine learning databases [DB/OL]. Department of Information and Computer Science,University of

California, Irvine,CA, 1998, http://www.ics.uni.edu/~mlearn/MLRepository.htm.

[96] CHEN Y Y, LIN J T. A modified particle swarm optimization for production planning problems in the TFT array process[J]. Expert Systems with Applications, 2009. 36(10): 12264-12271.

[97] DOUGHERTY J, SAHAMI M. Supervised and unsupervised discretization of continuous features[C]. 12th International Conference on Machine Learning, 1995: 194-202.

[98] ROBNIKONJA M. Discretization of numeric attributes[M]. AAAI Press/The MIT Press, 1992.

[99] SU C T, HwaJyh H. An extended Chi2 algorithm for discretization of real value attributes[J]. Knowledge and Data Engineering, 2005. 17(3): 437 - 441.

[100] KURGAN L A, CIOS K J. CAIM discretization algorithm[J]. IEEE Transactions on Knowledge and Data Engineering, 2004, 16(2): 145-153.

[101] TSAI C J, LEE C I, YANG W P. A discretization algorithm based on class-attribute contingency coefficient[J]. Information Sciences, 2008. 178(3): 714-731.

[102] ZU A, MK A, SRN A, et al. Muzammil khan and Salman Raza Naqvi, A comparative study of machine learning methods for bio-oil yield prediction - A genetic algorithm-based features selection[J]. Bioresource Technology, 2021. 335.

[103] ANDA L. Improved binary particle swarm optimization for feature selection with new initialization and search space reduction strategies[J]. Applied Soft Computing, 2021. 106(7).

[104] ZHAO J, HAN C Z , WEI B,et al. Feature selection based on particle swarm optimal with multiple evolutionary strategies[C] International Conference on Information Fusion. IEEE, 2012.

[105] 闫政旭. 基于 Pearson 特征选择的随机森林模型股票价格预测[J]. 计算机工程与应用, 2021.

[106] 张人龙. 大数据环境下基于谱机器学习的云物流资源配置[J]. 统计与决策, 2021. 37(09): 177-179.

[107] 白晓雷. 融合微博语言特征的CNN反讽文本识别模型研究[J]. 通信技术, 2021. 54(05): 1126-1130.

[108] 徐志翔. 求解网络编码优化问题的混合启发式算法[J]. 舰船电子工程, 2021. 41(02):　92-96+163.

[109] IBRAHIM R A, ELAZIZ M A, EWEES A, et al. New Feature Selection Paradigm Based on Hyper-heuristic Technique[J]. Applied Mathematical Modelling, 2021.98:14-37.

[110] 符升旗. 基于分层信息过滤的生成式文本摘要模型[J]. 信息技术与网络安全, 2021. 40(05): p. 62-67.

[111] 胡峰. 基于特征聚类的封装特征选择算法[J]. 计算机工程与设计，2018. 39(01): 230-237.

[112] 杨鹤标. 基于 PSO 的小样本特征选择优化算法研究[J]. 江苏科技大学学报(自然科学版), 2021. 35(01): 76-81+97.

[113] 汤飞. 基于离散二进制粒子群-模拟退火算法求解 0-1 背包问题[J]. 工业控制计算机, 2021. 34(05): 83-84+86.

[114] LI A D. Improved binary particle swarm optimization for feature selection with new initialization and search space reduction strategies[J]. Applied Soft Computing, 2021.

[115] 钟倩漪. 基于多策略 BPSO 算法的关联规则挖掘[J]. 科技通报, 2021. 37 (02): 40-46.

[116] TRIPATHI P K, BANDYOPADHYAY S, PAL S K. Multi-Objective Particle Swarm Optimization with time variant inertia and acceleration coefficients[J]. Information Sciences, 2007. 177(22): 5033-5049.

[117] KANG Q, WANG L,WU Q D. A novel ecological particle swarm optimization algorithm and its population dynamics analysis[J]. Applied Mathematics and Computation, 2008. 205(1): 61-72.

[118] NIU Q, JIAO B,GU X S. Particle swarm optimization combined with genetic operators for job shop scheduling problem with fuzzy processing time[J]. Applied Mathematics and Computation, 2008. 205(1): 148-158.

[119] YEN G G, LEONG W F. Dynamic multiple swarms in multiobjective particle swarm optimization[J]. IEEE Transactions on Systems Man and Cybernetics Part a-Systems and Humans, 2009. 39(4): 890-911.

[120] CHEN D B, ZHAO C X. Particle swarm optimization with adaptive population size and its application[J]. Applied Soft Computing, 2009. 9(1): 39-48.

[121] CHEN M R,LI X,ZHANG X, et al. A novel particle swarm optimizer hybridized with extremal optimization[J]. Applied Soft Computing, 2010. 10(2): 367-373.

[122] CHEN C C. Two-layer particle swarm optimization for unconstrained optimization

problems[J]. Applied Soft Computing, 2011. 11(1): 295-304.

[123] NASIR M, DAS S,MAITY D, et al. A dynamic neighborhood learning based particle swarm optimizer for global numerical optimization[J]. Information Sciences, 2012. 209(20): 16-36.

[124] QU B Y, LIANG J J, SUGANTHAN P N. Niching particle swarm optimization with local search for multi-modal optimization[J]. Information Sciences, 2012. 197(15): 131-143.

[125] HUANG H, QIN H. Example-based learning particle swarm optimization for continuous optimization[J]. Information Sciences, 2012. 162(1): 125-138.

[126] BEHESHTI Z, SHAMSUDDIN S M. MPSO: Median-oriented particle swarm optimization[J]. Applied Mathematics and Computation, 2013. 219(11): 5817-5836.

[127] CHEN Y Y, LIN J T. A modified particle swarm optimization for production planning problems in the TFT array process[J]. Expert Systems with Applications, 2009, 36(10): 12264-12271.

[128] 李浩君. 进化状态判定与学习策略协同更新的二进制粒子群优化算法[J]. 浙江工业大学学报, 2020. 48(05): 581-590.

[129] TADAYOSHI F. Estimation of prediction error by using K-fold cross-validation [J]. Statistics and Computing, 2011. 21(2): 137-146.

[130] MARINAKIS Y, MARINAKI M, DOUNIAS G, Particle swarm optimization for pap-smear diagnosis[J]. Expert Systems with Applications, 2008. 35(4): 1645-1656.

[131] KIRA K, RENDELL L A. A practical approach to feature selection[C]. Proceedings of the 9th International Workshop on Machine learning. Grenoble, France. 1992: 249-256.

[132] GUYON I, ELISSEEFF A. An introduction to variable and feature selection [J]. The Journal of Machine Learning Research, 2003. 3: 1157-1182.

[133] PENG H, LONG F, DING C. Feature selection based on mutual information: criteria of max-dependency, max-relevance, and min-redundancy[J]. IEEE Transactions on Pattern Analysis and Machine Intelligence, 2005. 27(8): 1226-1238.

[134] YAN H, YUAN X T, YAN S C, et al. Correntropy based feature selection using binary projection[J]. Pattern Recognition, 2011. 44(12): 2834-2842.

[135] LEE C , LEE G G. Information gain and divergence-based feature selection

for machine learning-based text categorization[J]. Information Processing & Management, 2006. 42(1): 155-165.

[136] 袁梦娇. 基于特征融合和机器学习的网络视频流分类[J]. 南京邮电大学学报(自然科学版), 2021(02): 100-108.

[137] ZHAO J, HAN C Z, HAN D, et al. A Multi-Population Univariate Marginal Distribution Algorithm for Feature Selection[C]// Engineering & Technology. 2012.

[138] YALSAVAR M. Support vector machine and its difficulties from control field of view[J]. Transactions of the Institute of Measurement and Control, 2021. 43(9): 1833-1842.

[139] 杨晓敏. 改进灰狼算法优化支持向量机的网络流量预测[J]. 电子测量与仪器学报, 2021. 35(03): 211-217.

[140] 姜艺. 学术文本词汇功能识别--在关键词自动抽取中的应用[J]. 情报学报, 2021. 40(02): 152-162.

[141] 吕武壕. 一种关于旅行商问题适用范围的优化方法[J]. 计算机时代, 2021. 05: 60-63+72.

[142] REINELT G. TSPLIB—A Traveling Salesman Problem Library[J]. INFORMS Journal on Computing, INFORMS, 1991. 3(4): 376-384, November.

[143] YUAN X H, NIE H, SU A J, et al. An improved binary particle swarm optimization for unit commitment problem[J]. Expert Systems with Applications, 2009. 36(4): p. 8049-8055.

[144] 谷文祥, 李向涛, 王春颖. 一种求解 TSP 问题的混合算法[J]. 东北师大学报(自然科学版), 2011. 43(8): 60-64.

[145] 武燕. 分布估计算法研究及在动态优化问题中的应用[D]. 西安: 西安电子科技大学, 2009.

[146] CHUANG L Y, Chang H W, TU C J. Improved binary PSO for feature selection using gene expression data[J]. Computational Biology and Chemistry, 2008, 32(1): 29-38.

[147] CHUANG L Y, CHANG H W, TU C J, et al. Improved binary PSO for feature selection using gene expression data[J]. Computational Biology and Chemistry, 2008, 32(1): 29-38.

[148] SHUTAO L, MINGKUI T. Gene selection using hybrid particle swarm optimization and genetic algorithm[J]. Soft Computing, 2008. 12(11): 1039-1048.

[149] SAININ M S, ALFRED R. A genetic based wrapper feature selection

approach using Nearest Neighbour Distance Matrix[C]. 3rd Conference on Data Mining and Optimization. Putrajaya, Malaysia. 2011: 237-242.

[150] 丁思凡. 一种基于标签相关度的 Relief 特征选择算法[J]. 计算机科学，2021.48(04): 91-96.

[151] WEI B, ZHANG M Q, LIU L F, ZHAO J. Feature Selection on the Basis of Rough Set Theory and Univariate Marginal Distribution Algorithm[C]// 2017 International Conference on Applied Mathematics, Modelling and Statistics Application (AMMSA 2017). 2017.

[152] 曹守富. 基于粗糙集的社交文本特征选择方法[J]. 湖南广播电视大学学报, 2020. 04: 71-77.

[153] 周涛. 基于 Bayesian 粗糙集和布谷鸟算法的肺部肿瘤高维特征选择算法[J]. 光电子 • 激光, 2020. 31(12): 1288-1298.

[154] WEI B, PENG Q K, KANG X J, et al. A hybrid feature selection algorithm used in disease association study[C]. 8th World Congress on Intelligent Control and Automation. Jinan, China. 2010: 2931 - 2935.

[155] ZEXUAN Z, YEWSOON O. Wrapper-filter feature selection algorithm using a memetic framework[J]. IEEE Transactions on Systems Man and Cybernetics Part B-Cybernetics, 2007. 37(1): 70-76.

[156] HUDA S, YEARWOOD J, STRAINIERI A. Hybrid wrapper-filter approaches for input feature selection using maximum relevance and artificial neural network input gain measurement approximation[C]. 4th International Conference on Network and System Security. Melbourne - Australia , 2010: 442-449.

[157] FOITHONG S, PINNGERN O, ATTACHOO B. Feature subset selection wrapper based on mutual information and rough sets[J]. Expert Systems with Applications, 2012. 39(1): 574-584.